高校入試
近道問題 **15理科計算**

この本の特色

① **コンパクトな問題集**

　　入試対策として必要な単元・項目を短期間で学習できるよう，コンパクトにまとめた問題集です。直前対策としてばかりではなく，自分の弱点を見つけ出す診断材料としても活用できるようになっています。

② **豊富なデータ**

　　英俊社の「高校別入試対策シリーズ」

てあります。

③ **\CHIKAMICHI/ ↑ ちかみち**

　　計算問題を解く上での考え方や注意点など，入試でおさえておきたいポイントを **ちかみち** として載せてあります。

④ **詳しい解説**

　　別冊の解答・解説には，すべての計算問題について解説を掲載しています。間違えてしまった問題や解けなかった問題は，解説をよく読んで，しっかりと内容を理解しておきましょう。

この本の内容

1 ▶ 光

1 光の進み方について調べるために［実験］を行いました。［実験］について，(1)・(2)の問いに答えなさい。　　　　　　　　　　　（武庫川女子大附高［改題］）

［実験］

操作Ⅰ　机の上に1枚の鏡を垂直に立て，図1のように鏡の前に模型を置き，鏡にうつった像を見た。

操作Ⅱ　机の上に2枚の鏡を90°の角度にして垂直に立て，図2のように鏡の前に模型を置いた。図3は鏡と模型を真上から見た図で，矢印の方向から鏡にうつった像を見た。

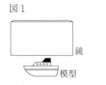
図1

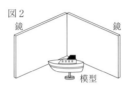
図2

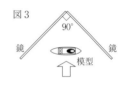
図3

(1) 図4は操作Ⅰの鏡と模型を真上から見た図です。Xの位置から模型の像全体を見るときに必要な鏡の横幅は何cmですか。ただし，模型の全長は12cmとし，方眼の1目盛りは3cmであるものとします。（　　　　　cm）

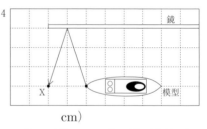
図4

(2) 模型の向きを変えずに，鏡から図4の2倍の距離になるまで模型を遠ざけました。Xの位置から模型の像全体を見るときに必要な鏡の横幅は何cmですか。（　　　　　cm）

2 英子さんは光の反射に興味を持ち，実験をしてみることにしました。次の問いに答えなさい。

（奈良育英高［改題］）

［実験］　鏡を用いて光の反射について調べた。右図は2枚の鏡を用いて，鏡1に光を当てた様子を上から見た図である。

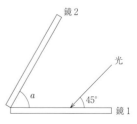

(1) 鏡2枚を図のように置き，光と鏡1の間の角度が45°になるように入射しました。鏡1と鏡2の角度 a を60°にしたとき，鏡2における反射光の反射角を答えなさい。（　　　　　）

(2) 鏡1と鏡2の角度を変え，光の反射角について調べました。図と同じように光と鏡1の間の角度が45°になるように入射させ，鏡2での反射光が鏡1に対して平行な向きになるようにしたい。鏡1と鏡2の角度 a は何度にすればよいですか。最も適切なものを次のア〜エから1つ選び，記号で答えなさい。（　　　）

　ア　15°　　イ　22.5°　　ウ　45°　　エ　67.5°

3 凸レンズについて，次の問いに答えなさい。なお，問題を考えるにあたって図2を用いてもよい。

（橿原学院高[改題]）

(1) 次の文中の空欄①，②に入る数値を答えなさい。①（　　　　cm）　②（　　　　cm）

図1
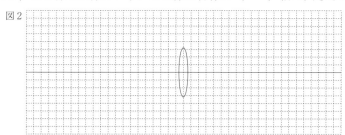

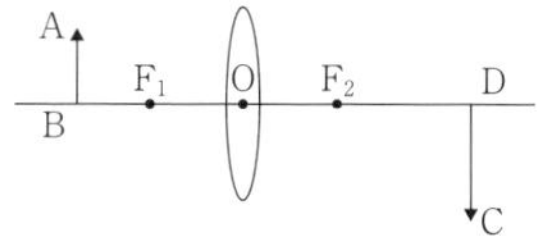

　図1のように物体 AB に光を当てると像 CD ができた。なお，F_1，F_2 はこの凸レンズの焦点である。このとき，AB = 4cm，BO = 20cm，DO = 30cm であった。像の大きさ CD は（　①　）になり，焦点距離 F_1O は（　②　）となる。

(2) 次の文中の空欄に入る数値を答えなさい。（　　　　　　）

　焦点距離が12cm の凸レンズから8cm 離れた場所に物体を置いたとき，像はスクリーンには映らなかった。このとき，凸レンズを通して像を見ることができ，この像を虚像という。この像は物体の（　　）倍の大きさになる。

図2

\CHIKAMICHI/
⬆ **ちかみち**

●像の大きさや位置に関する計算
光の道筋を作図し，三角形の相似を使って求めよう！

2 音

1 Aさんは，図のようなモノコードを用いた2つの実験により音の振動数を調べました。これについて，後の問いに答えなさい。ただし，このモノコードは，ことじの位置を動かすことで弦

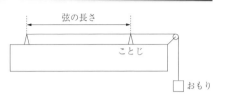

の長さを変えることができ，おもりははじめ100gのものを用いました。また，弦にかかる力が2倍になると，振動数は$\sqrt{2}$倍になることがわかっています。必要であれば$\sqrt{2} = 1.41$として求めなさい。 （初芝立命館高[改題]）

［実験1］ ことじを動かして弦の長さを変え，弦をはじいたときに出る音の振動数を調べた。

［結果］

弦の長さ[cm]	30	40	60	②	90
振動数[Hz]	1200	①	600	480	400

(1) 表の空欄①，②に入る数字を求めなさい。

①（　　　　　） ②（　　　　　）

［実験2］ 弦の長さを60cmに固定し，おもりの質量を変え，弦をはじいたときに出る音の振動数を調べた。

［結果］

質量[g]	③	100	200	225	400
振動数[Hz]	300	600	846	④	1200

(2) 表の③，④に入る数字を求めなさい。③（　　　　　） ④（　　　　　）

2 以下の会話文は「音」について話されているものです。会話文を読んで，後の問いに答えなさい。ただし，音は山，花火，Bさんの間を一直線上で伝わるものとします。 （追手門学院高[改題]）

Aさん：去年の夏は花火大会がなくて残念だったね。

Bさん：今年こそはみんなで花火を楽しめるといいね。

Aさん：うん。そうだね。あの「ドーン」っていう大きな音はやっぱり迫力あるよね！

Bさん：私の家で花火を見ると「ドーン」っていう音が2回聞こえるよ！

Aさん：え，なんでだろう。

Bさん：家と山の間で花火が打ち上げられているから，山で音がはね返っているんだと思う。

(1) 花火が打ち上げられてからBさんが1度目の音を観測するまで，9.4秒かかりました。花火が音を発した点からBさんまでの距離が3200mであるとき，音の伝わる速さを，小数第2位を四捨五入し小数第1位まで求めなさい。

(　　　　　m/s)

(2) 山からはね返った音を，1度目の音を観測してから4.5秒後にBさんが観測しました。花火が音を発した点から山までの距離を，小数第2位を四捨五入し小数第1位まで求めなさい。(　　　　m)

3 音の性質について，後の問いに答えなさい。ただし，空気中の音の速さを秒速340mとする。

(明星高[改題])

Xさんとyさんは直線で200m走のタイムを計測することになった。図のように，スタート地点には音と光が同時に出る陸上競技用のピストルを持った先生がおり，ゴールから4m後ろには計測係2人がストップウォッチを持って立っている。計測係には，ピストルの光が見えたときにストップウォッチをスタートさせ，Xさんとyさんがゴールしたときにストップウォッチを止めるように指示している。しかし，Xさんを担当した計測係が誤ってピストルの音を聞いたときにストップウォッチをスタートさせたため，Xさんのタイムは27.7秒と計測されてしまった。yさんを担当した計測係は指示通りに計測し，yさんのタイムは28.1秒となった。

実際は，Xさんとyさんのどちらが何秒早くゴールしましたか。ただし，光は瞬間的に伝わったものとし，計測係の反応時間は無視するものとする。

(　　　さんの方が　　　　　　秒早くゴールした。)

3 ばね

1 力を加えないときの長さが 30cm のばね A と, 40cm のばね B と 50cm のばね C がある。ばね A は 20N の力で引くと 8cm のび, ばね B は 20N の力で引くと 10cm のびる。また, ばね C は 10N の力で引くと 2cm のびる。次の各問いに答えなさい。また, 答えが割り切れない場合は, 四捨五入して小数第 1 位まで求めなさい。 (京都女高)

(1) ばね A を 30N の力で引くとばねの長さは何 cm になりますか。

(　　　　　cm)

(2) ばね B に力を加えて 60cm の長さにした。加えた力の大きさはいくらですか。(　　　　　N)

(3) ばね A とばね B とばね C を図 1 のように
直列につないで, 100N の力で引くとばねの合
計の長さは何 cm になりますか。

図1

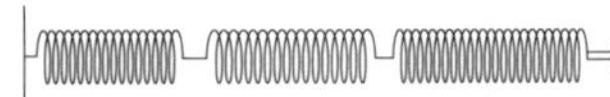

(　　　　　cm)

(4) ばねを図 1 のように直列につないで, ある力で引くと, ばね A の長さは 42cm になった。このときのばね全体の長さは何 cm になりますか。

(　　　　　cm)

2 もとの長さが同じで種類の違うばね A, B がある。これらと糸, 棒, おもりを用いて, 次のような実験をした。ただし, ばね, 糸, 棒の重さは考えなくてもよいものとする。また, 図のばねや棒の長さ, 糸の位置は正確に表しているわけではない。 (清教学園高[改題])

実験1:図 1 のように, それぞれのばねに 40g のおもりをつるしたところ, ばねの長さがばね A は 16cm, ばね B は 18cm となってつり合った。

実験2:図 1 のように, それぞれのばねに 80g のおもりをつるしたところ, ばねの長さがばね A は 20cm, ばね B は 24cm となってつり合った。

実験3:図 2 のように, ばね A とばね B を 10cm の細い棒の両端につなぎ, 糸を使って 100g のおもりをつるしたところ, 棒は水平になってつり合った。

実験4:図 3 のように, ばね A とばね B をつないで, 糸を使って 40g のおもりをつるしたところ, つり合った。

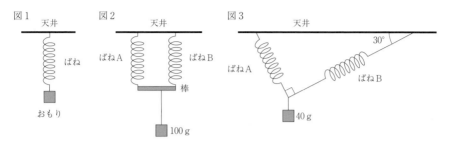

(1) 図2のとき，ばねAとばねBは同じ長さになっていた。100gのおもりを糸でつるしている点は，棒の左端から何cmのところにありますか。

（　　　　　　　cm）

(2) 図2のとき，ばねAの長さは何cmですか。（　　　　　cm）

(3) 図3のとき，ばねAとばねBののびはそれぞれ何cmですか。ただし，$\sqrt{3}$ = 1.7とする。A（　　　　　cm）　B（　　　　cm）

3 図1のような装置を作り，ばねののびが0cmの状態から糸をゆっくり引き下げていき，物体Aを引き上げた。図2は，この実験で使用したばねについて，ばねを引く力の大きさとばねののびとの関係をグラフに表したものである。後の問いに答えなさい。ただし，質量100gの物体にはたらく重力の大きさを1Nとし，ばね，動滑車および糸の質量は考えないものとする。また，糸は十分長く，実験中にばねと動滑車，動滑車と定滑車が接触することはないものとする。

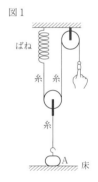

（奈良学園高[改題]）

(1) 図1でばねののびが2.0cmのとき，物体Aはまだ床に接していた。このとき手が糸を引く力の大きさは何Nか。（　　　　　N）

(2) 図1でばねののびが4.0cmのとき，物体Aが床から離れた。物体Aの重さは何Nか。

（　　　　　N）

(3) (2)の状態から物体Aを1.0cm引き上げたとき，手は糸を何cm引き下げたか。（　　　　　cm）

4 水圧・浮力

近道問題

1 右図のように質量 150g の物体が体積の 4 分の 1 を水面より上に出して浮いている。これについて次の問いに答えなさい。

(福岡大附若葉高)

(1) この物体にはたらく浮力の大きさは何 N か。ただし，100g の物体にはたらく重力を 1 N とする。(　　　　　N)

(2) 物体にはたらく浮力の大きさは物体が押しのけた水の重さ（重力），つまり水中部分の物体の体積と同じ体積の水の重さに等しい。水の密度を $1.0g/cm^3$ とすると，物体の体積は何 cm^3 になるか。(　　　　　cm^3)

(3) この物体の密度は何 g/cm^3 か。(　　　　　g/cm^3)

(4) 水の代わりに密度 $1.2g/cm^3$ の液体に浮かべたとき，物体全体の体積に対する液面より上に出る部分の体積の割合はいくらか。既約分数（それ以上約分できない分数）で答えなさい。(　　　　　)

2 図 1 のように床に置いたおもりにばねの一端をとりつけ，他端を手で持って真上にゆっくりと引きます。この状態でばねを 10N の力でゆっくり引くとばねののびは 10cm になります。50N 以上の力でゆっくり引くと，床とおもりが離れます。おもりの形は直方体で，底面積は $100cm^2$，体積は $2000cm^3$ です。次の各問いに答えなさい。ただし，1 kg の物体の重さは 10N とし，1 m^3 の水の重さは 10000N とします。

(大阪女学院高[改題])

図 2 のように，おもりにばねの一端をとりつけ，水を入れたビーカーの底に置き，他端を手で持ってゆっくりと引きます。

(1) ビーカーの底からおもりが離れる瞬間のばねののびは 30cm でした。このとき，おもりにはたらく浮力の大きさは何 N ですか。(　　　　　N)

(2) 図 3 のように，おもりの上面を水面から高さ 10cm のところで静止させました。このとき，ばねののびは何 cm ですか。(　　　　　cm)

3 図1のような2つの直方体A，Bがある。Aは底面が2.0cm×2.0cmで高さが10.0cm，Bは底面が3.0cm×4.0cmで高さが10.0cmである。2つの直方体は異なる物質でつくられている。図2のように，十分な深さの水槽に水を入れ，水槽の中に水面に対して垂直にものさしを設置し，直方体をばねばかりにつり下げ，直方体の底面を常に水平に保ったまま水に静かに沈めていく実験を行った。

図3は，A，Bそれぞれの結果をグラフにまとめたものである。横軸のxは水面から直方体の下端までの長さ，縦軸のFはばねばかりが示した値である。

(国立高専)

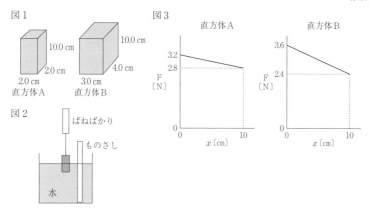

図1　直方体A　10.0 cm　2.0 cm　2.0 cm　直方体A　直方体B　3.0 cm　4.0 cm　10.0 cm　直方体B

図2　ばねばかり　ものさし　水

図3　直方体A　3.2　2.8　F〔N〕　0　0　10　x〔cm〕　直方体B　3.6　2.4　F〔N〕　0　0　10　x〔cm〕

(1) Aのxが10.0cmのとき，Aにはたらく浮力は　ア　．　イ　Nである。

ア（　　　　）　イ（　　　　）

次に図4のように，一様な棒の中心にばねばかりをつけ，棒のそれぞれの端に同じ長さの糸でAとBをつり下げ，2つとも水に入れたところ，ある程度水に沈めたとき，棒は水平になった。棒の質量は直方体に比べて十分小さく，無視できるものとする。

図4　ばねばかり　棒　直方体A　直方体B　水

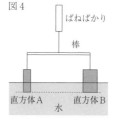

(2) このときxはどちらも　ア　．　イ　cmである。

ア（　　　　）　イ（　　　　）

(3) このときばねばかりが示す値は　ア　．　イ　Nである。

ア（　　　　）　イ（　　　　）

5 電流回路

1 直流電源と抵抗を使って図1，2，3のような回路を作った。図を見て，次の各問いに答えなさい。ただし，抵抗以外の部分の抵抗値はゼロとする。R_1，R_2はそれぞれ10Ω，20Ωとする。また，答えが割り切れない場合は，四捨五入して小数第1位まで求めなさい。 （京都女高）

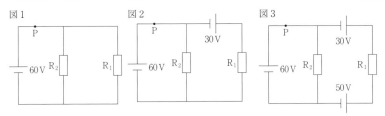

(1) 図1の点Pを流れる電流の大きさは何アンペアですか。また，点Pを流れる方向は，図中の（右向き，左向き）のどちらですか。

電流の大きさ（　　　　　A）　向き（　　　　　　　）

(2) 図2の点Pを流れる電流の大きさは何アンペアですか。また，点Pを流れる方向は，図中の（右向き，左向き）のどちらですか。

電流の大きさ（　　　　　A）　向き（　　　　　　　）

(3) 図3の点Pを流れる電流の大きさは何アンペアですか。また，点Pを流れる方向は，図中の（右向き，左向き）のどちらですか。

電流の大きさ（　　　　　A）　向き（　　　　　　　）

2 図1のように，太さが一様な抵抗線adの両端に12Vの電源を接続したところ，回路中のP点を流れる電流は0.4Aでした。次に，図2のように抵抗線ad上のa点とc点を12Vの電源に接続したところ，P点を流れる電流は0.6Aでした。後の各問いに答えなさい。ただし，抵抗線ad上のb点とc点は抵抗線adを三等分する点です。 （九州国際大付高[改題]）

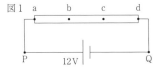
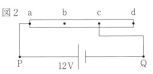

図3のように，抵抗線 ad と全く同じ抵抗線 eh
と 12V の電源を用意し，次の(1)〜(3)のように接続
した場合，12V の電源を流れる電流はそれぞれ何
A になりますか。ただし，抵抗線 eh 上の f 点と g
点は抵抗線 eh を三等分する点です。

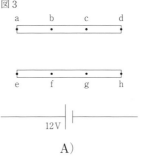

図3

(1) 抵抗線 ad 上の a 点と抵抗線 eh 上の e 点を接
続し，抵抗線 ad 上の c 点と抵抗線 eh 上の h 点
を接続し，eh 間に 12V の電源を接続した場合。（   A）

(2) 抵抗線 ad 上の c 点と抵抗線 eh 上の f 点を接続し，ah 間に 12V の電源を
接続した場合。（   A）

(3) 抵抗線 ad 上の a 点と抵抗線 eh 上の e 点を接続し，抵抗線 ad 上の d 点と
抵抗線 eh 上の h 点を接続し，bf 間に 12V の電源を接続した場合。

（   A）

3 電流と電圧の関係を調べるため，抵抗器 R_1〜R_3，スイッチ S_1〜S_4，電圧計
V_1，V_2，電流計，電源装置を使って〔実験〕を行いました。図は実験で使った
回路を表しています。(1)〜(3)の問いに答えなさい。　　（武庫川女子大附高[改題]）

〔実験〕

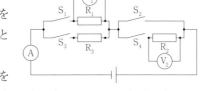

操作Ⅰ　S_1，S_2 を入れ，電源の電圧を
6.0V にして電流を流した。このと
き，電流計が 200mA を示した。

操作Ⅱ　S_1，S_4 を入れ，電源の電圧を
6.0V にして電流を流した。このとき，電圧計 V_1 が 3.6V を示した。

操作Ⅲ　S_3，S_4 を入れ，電源の電圧を 6.0V にして電流を流した。このと
き，電流計が 150mA を示した。

操作Ⅳ　S_1，S_2，S_3 を入れ，電源の電圧を 6.0V にして電流を流した。

操作Ⅴ　S_1，S_3，S_4 を入れ，電源の電圧を 6.0V にして電流を流した。

(1) 操作Ⅲのとき，電圧計 V_2 の示す値は何 V ですか。（   V）

(2) 操作Ⅳのとき，電流計の示す値は何 mA ですか。（   mA）

(3) 操作Ⅴのとき，電流計の示す値は何 mA ですか。（   mA）

6 電力・熱量

1 図は，電力会社から届けられた電気の使用量の知らせである。後の問いに答えなさい。

（神戸龍谷高）

> 電気ご使用量のお知らせ
>
> 令和1年11月分（期間10月5日～11月5日まで）
>
> 龍谷　一郎　様
>
> ご使用量　7.0kWh

(1) 今回の電力量は何Jになるか答えなさい。（　　　　　　J）

(2) 今回の電力量がすべて熱を発生するのに使われたとすると，10℃，100kgの水の温度は何℃になるか答えなさい。ただし，発生した熱は，すべて水の温度上昇に使われ，1gの水の温度を1℃上昇させるためには4.2Jの熱量が必要であるとする。（　　　　　　℃）

2 電球が消費する電力の大小について調べる実験を行う。電球が消費する電力の大小が異なることは，電球の明るさの違いに置き換えて調べることができる。以下の各問いに答えなさい。

（福岡大附大濠高［改題］）

電球A，B，Cと電源装置を導線でつなぎ，図1のような回路を作った。電球Aは10W，電球Bは40W，電球Cは20Wの電球をそれぞれ用い，電源装置の電圧は140Vに設定している。

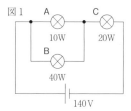

(1) 図1の回路で電球A，B，Cを明るい順に並べなさい。（　　，　　，　　）

次に，電球A，B，Cの代わりに，電気抵抗a，b，cを用いて，電源装置を導線でつなぎ，図2のような回路を作った。電気抵抗aの抵抗値は100Ω，電気抵抗bの抵抗値は25Ω，電気抵抗cの抵抗値は50Ωである。また，電源装置の電圧は140Vに設定している。

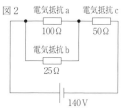

(2) 図2の回路で電気抵抗a，b，cが消費する電力の合計は何Wか求めなさい。

（　　　　　　W）

3 次の文章を読み，下の各問いに答えなさい。　　　　　　　　（清風高[改題]）

　電熱線のはたらきを調べるために，〔実験1〕・〔実験2〕を行いました。ただ
し，電熱線で発生した熱は，すべて水の温度上昇のみに使われるものとします。

〔実験1〕　抵抗値がわからない電熱線aと電熱線bを直列につなぎ，これと
　　　　　20Vの電源，およびスイッチで回路を作った。図1のように，電熱線aと
　　　　　電熱線bを30℃の水100gが入った容器1と容器2にそれぞれ沈め，ス
　　　　　イッチを入れて，ある時間が経ってから水の温度を測定した。このとき，
　　　　　容器1と容器2の水の温度上昇の比は，1：4であった。また，電熱線aに
　　　　　流れた電流は0.4Aであった。

〔実験2〕　〔実験1〕で用いた電熱線aと電熱線bを並列につなぎ，これと20V
　　　　　の電源，およびスイッチで回路を作った。図2のように，電熱線aと電熱
　　　　　線bを30℃の水100gが入った容器3と容器4にそれぞれ沈め，スイッチ
　　　　　を入れて，〔実験1〕と同じ時間が経ってから水の温度を測定した。

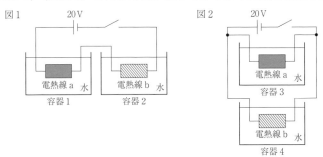

(1) 電熱線bの抵抗は何Ωですか。（　　　　　　　Ω）

(2) 〔実験2〕のとき，容器3と容器4の水の温度上昇の比を，最も簡単な整数
　　の比で表しなさい。容器3：容器4 ＝（　　　：　　　）

(3) 〔実験1〕，〔実験2〕において，容器1〜4の水の温度上昇をそれぞれT_1〜
　　T_4〔℃〕としたとき，T_1〜T_4の大小関係として適するものを，次のア〜エ
　　のうちから1つ選び，記号で答えなさい。（　　　）

　ア　$T_1 = T_4 < T_2 = T_3$　　　イ　$T_1 = T_3 < T_2 = T_4$

　ウ　$T_1 < T_2 < T_3 < T_4$　　　エ　$T_1 < T_2 < T_4 < T_3$

7 物体の運動

1 図1のような装置を使って，摩擦のない斜面での台車の運動のようすを調べました。P点に台車を置き静かに手を放し，台車が動き始めてからの運動を，1秒間に60回打点する記録タイマーで記録しました。図2は，このとき記録したテープを打点Aより6打点ごとにB，C，D，E，Fと区切り，打点Aからの距離［cm］を測定したものです。次の各問いに答えなさい。 （大阪産業大附高）

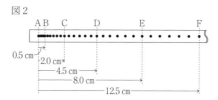

(1) この記録タイマーがテープに6打点を打つのにかかる時間は何秒ですか。

（ 　　　　　秒）

(2) 図2で，CD間での台車の平均の速さは何cm/秒ですか。

（ 　　　　　cm/秒）

(3) 図2で，DF間での台車の平均の速さは何cm/秒ですか。

（ 　　　　　cm/秒）

(4) 台車が斜面をすべりおりる間，台車の速さは一定の割合で増えています。時間0.1秒ごとに速さは何cm/秒ずつ増えていますか。（ 　　　　　cm/秒）

2 右のグラフは，電車が直線のレールを走っているときの，電車の速さと時間の関係を表したものです。また，電車の床にボールを置き，電車が走っているときのボールの動きを観察しました。ただし，ボールの動きは電車の中の人が観察したものとします。次の各問いに答えなさい。

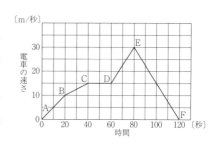

（東海大付大阪仰星高）

(1) 電車が発車してから5秒後の速さは何m/秒ですか，答えなさい。

（ 　　　　　m/秒）

(2) CD 間の距離は何 m ですか，答えなさい。(　　　　　　　m)

(3) DE 間を走っているとき，電車の平均の速さは何 m/秒ですか，答えなさい。(　　　　　m/秒)

3 以下の表は静止している物体を真空中で自由落下させたときの時間と落下距離との関係を示し，その結果に基づくデータが記載されています。次の問いに答えなさい。　　　　　　　　　　　　　　　　　　　　　　（大阪国際高[改題]）

時間(秒)	落下距離(cm)	0.1秒毎の速さ(cm/秒)(平均の速さ)	0.1秒間の速さ(cm/秒)の変化
0	0		———
		49	
0.1	4.9		98
		（ イ ）	
0.2	19.6		（ オ ）
		（ ウ ）	
0.3	44.1		98
		343	
0.4	78.4		（ カ ）
		（ エ ）	
0.5	（ ア ）		98

(1) 表の空欄に適する数字を入れなさい。

ア(　　　　　) イ(　　　　　) ウ(　　　　　) エ(　　　　　)

オ(　　　　　) カ(　　　　　)

(2) 物体は重力により自然に落下し，その速さは時間に比例します。このときの単位時間（1秒間）あたりの速さの変化の大きさを重力加速度〔単位 cm/(秒)^2〕といいます。表のデータから，重力加速度を求めなさい。

(　　　　　　cm/(秒)^2)

(3) 0.1 秒毎の速さ（平均の速さ）を縦軸に，時間を横軸にとったグラフ（v—t グラフといいます）を解答欄に完成させなさい。

(4) (3)の v—t グラフと時間軸（横軸）に囲まれた部分の面積が自由落下した距離に相当します。真空中で自由落下を始めて，3秒後の落下距離（m）を整数で答えなさい。

(　　　　　　m)

8 仕事・エネルギー 近道問題

1 右の図はエレベーターのしくみを簡単に表したもので
す。エレベーターの人が乗る部分をカゴといいます。カゴ
は定滑車を利用しておもりにつながれていて、おもりとカ
ゴの質量は同じであるとします。

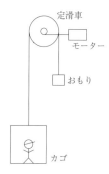

　このエレベーターに質量 40kg の人が乗り、1 階から 11
階まで上昇しました。上昇するのにかかった時間は 20 秒
間でした。各階の間隔は 3 m です。質量 1kg に作用する
重力の大きさを 10N として、次の各問いに答えなさい。

(平安女学院高)

⑴　1 階から 11 階までこの人を引き上げるために必要な仕事量は何 J ですか。

(　　　　　　J)

⑵　エレベーターを引き上げるためのモーターの電圧は 200V です。モーター
の電力の 80 ％が、エレベーターを引き上げるための仕事に使われたとする
と、モーターに流れた電流は何 A ですか。ただし、ロープの質量や滑車の摩
擦は無視できるものとします。(　　　　　　A)

2 図 1 のようにばねと 200g の動滑
車を使い、1 kg の物体をつるしま
した。物体をつるしたとき、物体
の底は地面に触れていないものと
します。その後、電源装置のスイッ
チを入れ、モーターの軸で糸を巻
き取り、動滑車と物体を 5 秒間で
つるした位置から 80cm 引き上げ

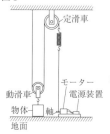

図1

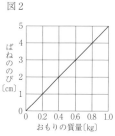

図2

ました。図 2 は実験で用いたばねにおもりをつるした場合、ばねののびとばね
につるしたおもりの質量との関係を表しています。次の問いに答えなさい。た
だし、100g の物体にはたらく重力の大きさを 1 N とします。また、糸はたるむ
ことなく伸び縮みしないものとし、滑車と糸の摩擦は考えないものとします。

(奈良育英高)

(1) 図1のように動滑車と物体をつるしたとき，ばねののびは何 cm か答えなさい。(　　　　　　cm)

(2) モーターがした仕事の大きさを求めなさい。(　　　　　　J)

(3) モーターの仕事率を求めなさい。(　　　　　　W)

3 物体にされる仕事，仕事率について，以下の各問いに答えなさい。ただし，滑車やひもの摩擦および重さ，斜面から物体にはたらく摩擦は無視できるものとする。

(福岡大附大濠高)

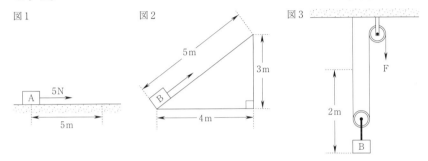

図1　図2　図3

(1) 図1のように，水平面上に置かれた物体 A に水平方向に 5 N の力を加えて，ゆっくりと力の向きに 5 m 動かしたとき，この力がした仕事は何 J か。

(　　　　　　J)

(2) ある物体 B をばねはかりにつるし，めもりを読むと 10N を示した。この物体 B を図2のように，なめらかな斜面上に置き，力を加えて斜面にそってゆっくりと 5 m 引き上げた。このとき，この力がした仕事は何 J か。

(　　　　　　J)

(3) (2)と同じ物体 B を，図3のように，滑車を用いてゆっくりと 2 m 引き上げた。

① このとき，ひもを引く力の大きさ F は何 N か。(　　　　　　N)

② ①で求めた力がした仕事は 40 秒間で行った。このときの仕事率は何 W か。(　　　　　　W)

＼CHIKAMICHI／
ちかみち

●**滑車を使った仕事に関する計算**
定滑車は力の向きを変えるだけで，加える力や動かす距離は変わらない。
動滑車1つにつき，加える力は $\frac{1}{2}$，動かす距離は2倍になる。

4 木片とおもりなどを使って次図のような装置を用意しました。そして，おもりが木片を動かす実験を行いました。おもりの重さとおもりを転がし始めた高さ，木片の動いたきょりの関係をまとめたものが次のグラフです。この実験に関する後の問いに答えなさい。なお，まさつは考えないものとします。

（大阪薫英女高）

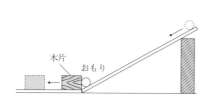
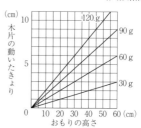

(1) 90g のおもりを 80cm の高さから転がし始めると，木片は何 cm 動くか答えなさい。（　　　　　cm）

(2) 180g のおもりを 40cm の高さから転がし始めると，木片は何 cm 動くか答えなさい。（　　　　　cm）

(3) 270g のおもりを 120cm の高さから転がし始めると，木片は何 cm 動くか答えなさい。（　　　　　cm）

5 図のようなループコースター（A → B → C → D → B → E）を作りました。ループの半径は 0.2m であり，レールの摩擦や空気抵抗は考えないものとします。また，地面を基準とした位置エネルギーは，物体の重さと物体の地面からの高さの積で求められるものとします。例えば，重さ 1 N の物体が 1 m の高さにあるときの位置エネルギーは 1 J です。いま，重さ 2 N の球を地面の B 点から 2 m の高さの A 点に置き，静かにスタートさせました。これについて，次の各問いに答えなさい。

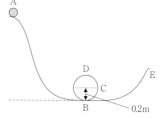

（九州産大付九州高）

(1) 球が半径の高さの C 点，ループの最高点にある D 点を通過するときの運動エネルギーはそれぞれ何 J ですか，答えなさい。

　　C 点（　　　　　J）　D 点（　　　　　J）

(2) 球が D 点を通過してループを 1 周するためには，D 点で最低 0.2J の運動エネルギーが必要です。ループの半径は変わらないとすると，球がループを

1周するためには B 点から A 点までの高さが最低何 m 必要ですか，答えなさい。（　　　　　　　m）

6 図1のようなすべり台と発射台を使った装置を用いて，小球をとばす実験を行いました。摩擦力と空気抵抗は無いものとして，下の各問いに答えなさい。　　　　　　（常翔学園高）

図1

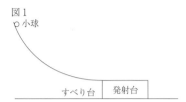

[実験1]　発射台をとび出す速さ v と飛距離 d の関係は，表1のようになった。

図2

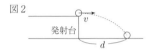

表1

v [m/s]	1.0	1.2	1.5	1.8	2.0
d [cm]	20	24	30	36	40

[実験2]　すべり始める高さ h と飛距離 d の関係は，表2のようになった。

図3

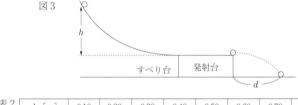

表2

h [m]	0.10	0.20	0.30	0.40	0.50	0.60	0.70	0.80	0.90
d [cm]	15.0	21.2	26.0	30.0	33.5	36.8	39.7	42.4	45.0

(1)　[実験1]で，飛距離 d と発射台をとび出す速さ v の関係を表したもっとも適当な式を，次の**ア〜ウ**から1つ選び，記号で答えなさい。ただし，a は定数とします。（　　　）

ア　$d^2 = av$　　**イ**　$d = av$　　**ウ**　$d = av^2$

(2)　[実験2]で，力学的エネルギーが保存されているとします。発射台をとび出すときの運動エネルギー K とすべり始める高さ h との関係を表したもっとも適当な式を次の**ア〜ウ**から1つ選び，発射台をとび出すときの運動エネルギー K ととび出す速さ v との関係を表したもっとも適当な式を次の**エ〜カ**から1つ選び，それぞれ記号で答えなさい。ただし，b, c はそれぞれ定数とします。（　　　）（　　　）

ア　$K^2 = bh$　　**イ**　$K = bh$　　**ウ**　$K = bh^2$

エ　$K^2 = cv$　　**オ**　$K = cv$　　**カ**　$K = cv^2$

9 溶解度・濃度 近道問題

1 硝酸カリウムが水にとけるようすと水溶液について，以下の(1)～(3)に答えなさい。ただし，硝酸カリウムは 100g の水に 14 ℃で 25g まで，32 ℃で 50g までとける。 (花園高)

(1) 32 ℃の硝酸カリウム飽和水溶液の質量パーセント濃度は何％か。最も近いものをア～カより 1 つ選びなさい。(　　　)

　　ア　10　　イ　20　　ウ　30　　エ　40　　オ　50　　カ　60

(2) 32 ℃の硝酸カリウム飽和水溶液 450g を 14 ℃まで冷やしたとき，結晶として出てくる硝酸カリウムは何 g か。最も近いものをア～カより 1 つ選びなさい。(　　　)

　　ア　60　　イ　80　　ウ　100　　エ　120　　オ　140　　カ　160

(3) 32 ℃の硝酸カリウム飽和水溶液 350g から水を 150g 蒸発させ 14 ℃まで冷やしたとき，結晶として出てくる硝酸カリウムは何 g か。最も近いものをア～カより 1 つ選びなさい。(　　　)

　　ア　60　　イ　80　　ウ　100　　エ　120　　オ　140　　カ　160

2 次の文を読んで，後の問いに答えなさい。 (関大第一高[改題])

　　40 ℃の水が 150g ずつ入ったビーカー A，B，C を用意しました。ビーカー A には塩化ナトリウム 50.0g，ビーカー B には硝酸カリウム 50.0g，ビーカー C には塩化ナトリウム 50.0g と硝酸カリウム 50.0g を入れて，それぞれの温度を 40 ℃に保ちながら，かき混ぜてすべて溶かし，水溶液をつくりました。表は，硝酸カリウムと塩化ナトリウムが水 100g に溶ける質量〔g〕と温度〔℃〕との関係を表したものです。

表　水 100g に溶ける質量〔g〕

温度〔℃〕	0	10	20	25	30	40	50
塩化ナトリウム	35.7	35.7	35.8	35.9	36.1	36.3	36.7
硝酸カリウム	13.3	22.0	31.6	37.9	45.6	63.9	85.2

(1)　ビーカー A でつくった 40℃の塩化ナトリウム水溶液の質量パーセント濃度は何％ですか。（　　　　％）

(2)　40℃に保ったビーカー B の水溶液には，あと何 g の硝酸カリウムを溶かすことができますか。小数第 1 位までの数で答えなさい。（　　　　g）

(3)　ビーカー C の水溶液の温度を下げていくと，ある結晶が出てきました。

　　①　結晶が出てき始めたのは，温度が約何℃〜何℃の間だったでしょうか。適当なものを，次のア〜エから 1 つ選び，記号で答えなさい。（　　　）

　　　　ア　15℃〜20℃　　イ　20℃〜25℃
　　　　ウ　25℃〜30℃　　エ　30℃〜35℃

　　②　温度を下げて 10℃にすると，得られる結晶の質量は何 g になると考えられますか。（　　　　g）

3　右のグラフはさまざまな物質の溶解度曲線である。以下の問いに答えなさい。なお，計算で割り切れないときは四捨五入し，整数で答えなさい。

（履正社高）

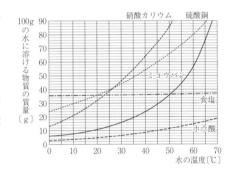

(1)　水に硫酸銅を溶かし，45℃の硫酸銅の飽和水溶液 200g を作りたい。必要な硫酸銅は何 g か。

（　　　　g）

(2)　(1)の飽和水溶液を 25℃まで冷やすと何 g の結晶が溶け切れずに出てくるか。（　　　　g）

(3)　(2)のときの質量パーセント濃度は何％か。（　　　　％）

(4)　再結晶の操作を 50℃から 20℃にかけて行うとき，もっとも多くの結晶が生じる物質はグラフの 5 つの物質のうちどれか。（　　　　）

\CHIKAMICHI/
⬆ ちかみち

・質量パーセント濃度（％）＝ $\dfrac{\text{溶質の質量（g）}}{\text{溶液の質量（g）}} \times 100$

　　　　　　　　　　＝ $\dfrac{\text{溶質の質量（g）}}{\text{溶媒の質量（g）＋溶質の質量（g）}} \times 100$

10 化学変化

1 図のような装置を組み，以下の実験を行った。後の問いに答えなさい。 （京都光華高）

酸化銀

水

【実験】 17.4g の酸化銀 Ag_2O を加熱すると，気体が発生した。気体が発生しなくなるまで加熱し続けたところ，16.2g の銀が試験管に残った。

(1) この実験で，何 g の気体が発生したか，答えなさい。（　　　　g）

(2) この実験で用いた酸化銀の粒子と同数の酸化カルシウム CaO の質量は何 g になるか答えなさい。ただし，銀とカルシウムの原子の質量比は 27：10 であるとする。（　　　　g）

(3) 発生した気体の密度は何 g/L か答えなさい。ただし，この実験で発生した気体の体積は 840mL であるとし，解答は小数第3位を四捨五入し，小数第2位まで答えること。（　　　　g/L）

2 次の文を読んで，後の問いに答えなさい。 （関大第一高［改題］）

【実験】

図のように，班ごとに，いろいろな質量の銅の粉末をステンレスの皿にうすく広げて，十分に加熱を行い，冷めてから酸化銅の質量をはかりました。また，マグネシウムの粉末についても同様の実験を行い，班ごとに得られた結果を表にまとめました。

銅粉　ステンレス皿

ガスバーナー

表

班	A	B	C	D	E	F
銅の質量	0.40	0.80	1.20	1.60	2.00	2.40
酸化銅の質量	0.50	1.00	1.50	2.00	2.50	3.00
マグネシウムの質量	0.60	1.20	1.80	2.40	3.00	3.60
酸化マグネシウムの質量	1.00	2.00	3.00	3.50	4.00	4.50

(1) 銅の粉末 4.4g が完全に酸化されると，何 g の酸化銅ができますか。

（　　　　g）

(2) マグネシウムの質量と，マグネシウムと化合する酸素の質量の比を，もっとも簡単な整数の比で答えなさい。マグネシウム：酸素＝（　　：　　）

(3) マグネシウムの粉末4.8gと質量のわからない銅の粉末を混ぜて，完全に酸化させると酸化マグネシウムと酸化銅の混合物28.5gが得られました。マグネシウムの粉末に混ぜた銅の粉末は何gだったでしょうか。（　　　　g）

3 次の【実験1】，【実験2】について，以下の各問いに答えなさい。　　（上宮高）

【実験1】　いろいろな質量の銅粉を図1のようなステンレス皿とガスバーナーの装置を用いて，空気中で十分にかき混ぜながら加熱しました。表1は加熱前の銅粉の質量と加熱後の物質の質量を示したものです。

図1

表1

加熱前の銅粉の質量〔g〕	0.800	1.000	1.200	1.400
加熱後の物質の質量〔g〕	1.000	1.250	X	1.750

【実験2】　【実験1】で得た固体粉末2.000gといろいろな質量の炭素の粉末を混ぜ合わせた混合物を，図2のように試験管の底に入れて，ガスバーナーで十分に加熱しました。このときに試験管内に残った物質の全質量を表2に示しました。ガラス管を通して発生した気体は石灰水に通して，反応が終了したらガラス管を石灰水からぬき，クリップでゴム管を閉じてからガスバーナーによる加熱を終了しました。

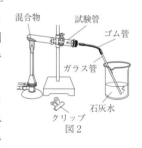
図2

表2

混合物中の炭素の質量〔g〕	0.075	0.150	0.225	0.300
加熱後の物質の全質量〔g〕	1.800	1.600	1.675	1.750

(1) 表1中のXに当てはまる適当な数値を答えなさい。（　　　　　）

(2) 【実験2】において固体粉末2.000gと炭素の粉末が過不足なく反応したときに発生した気体は何gですか。（　　　　g）

(3) 【実験1】で加熱後に残った固体粉末と同じ物質20.000gと炭素の粉末1.350gを混ぜ合わせた混合物について，【実験2】の操作と同じことを行った場合，試験管の中に何gの固体が残りますか。（　　　　g）

4 次の文章を読み，下の各問いに答えなさい。 (清風高)

　5本の試験管に，ある濃度のうすい硫酸 A を 20g ずつとりました。これらの試験管に 0.2g，0.4g，0.6g，1.2g，1.6g の亜鉛をそれぞれ加えて反応させ，そのとき発生した気体の体積をはかりました。表は，その結果を表したものです。

表

亜鉛の質量〔g〕	0.2	0.4	0.6	1.2	1.6
発生した気体の体積〔cm³〕	75	150	225	300	300

(1)　20g のうすい硫酸 A に 1.5g の亜鉛を加えて反応させると，反応後に亜鉛が残っていました。この残っていた亜鉛の質量は何 g ですか。（　　　　　　g）

(2)　(1)で残っていた亜鉛を，過不足なく反応させるために必要なうすい硫酸 A は何 g ですか。（　　　　　　g）

(3)　うすい硫酸 A の濃度を 2 倍にして，はじめと同じ操作を行いました。このときの結果として最も適するものを，次のア～エのうちから選び，記号で答えなさい。（　　　）

　　ア　0.2g の亜鉛を加えたとき，発生した気体は 75cm³ であった。

　　イ　1.2g の亜鉛を加えたとき，発生した気体は 300cm³ であった。

　　ウ　1.2g の亜鉛を加えたとき，発生した気体は 600cm³ であった。

　　エ　1.6g の亜鉛を加えたとき，発生した気体は 750cm³ であった。

(4)　この実験で発生した気体 300cm³ の質量は 0.025g でした。この気体の分子をつくっている原子 1 個と亜鉛原子 1 個の質量の比（気体の原子：亜鉛原子）として適するものを，次のア～エのうちから 1 つ選び，記号で答えなさい。

　　　　　　　　　　　　　　　　　　　　　　　　　　（　　　）

　　ア　1：16　　イ　1：32　　ウ　1：64　　エ　1：128

5　炭酸水素ナトリウムを用いて 2 種の実験を行った。以下の各問いに答えなさい。 (近大附高[改題])

【実験 1】　質量 26.14g の試験管 A に，炭酸水素ナトリウムを入れて加熱すると，二酸化炭素が発生した。発生する二酸化炭素の体積を，右図のように 500mL のメスシリンダーを用いて捕集した。

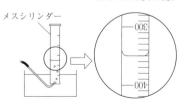

(1) 反応が完了し，二酸化炭素以外はすべて試験管内に残っているとして，反応後の試験管 A の質量を計ったところ 27.92g であった。また，発生した二酸化炭素（密度を 1.8g/L とする）は，前図の通りであった。ただし，発生した二酸化炭素は水に溶けていないものとする。

① 発生した二酸化炭素の質量は何 g か。割り切れない場合は四捨五入して小数第二位まで答えなさい。（　　　　　g）

② はじめに試験管に入れた炭酸水素ナトリウムの質量は何 g か。割り切れない場合は四捨五入して小数第二位まで答えなさい。（　　　　　g）

【実験2】 三角フラスコ内で，うすい塩酸 70g に炭酸水素ナトリウムを反応させて二酸化炭素を発生させた。次の表は，加えた炭酸水素ナトリウムの質量と発生した二酸化炭素の質量の関係を表している。次の各問いに答えなさい。

炭酸水素ナトリウム（g）	1.0	2.0	3.0	4.0	5.0	6.0
二酸化炭素の質量（g）	0.52	1.04	1.56	1.82	1.82	1.82

(2) うすい塩酸 70g と過不足なく反応するときの炭酸水素ナトリウムの質量は何 g か。割り切れない場合は四捨五入して小数第一位まで答えなさい。

（　　　　　g）

(3) うすい塩酸の濃さや質量を，①〜③のように変えて，4.0g の炭酸水素ナトリウムと反応させた。

① 濃さを 2 倍にしたうすい塩酸 70g をつくる。

② うすい塩酸の濃さは変えずに，質量を 40g にする。

③ うすい塩酸 70g に水を加えて，100g のうすい塩酸をつくる。

発生する二酸化炭素の質量はそれぞれどのようになるか。次のア〜クから 1 つずつ選び，記号で答えなさい。ただし，同じ記号を選んでもよい。

①（　　　） ②（　　　） ③（　　　）

ア　0.52g　　イ　0.78g　　ウ　1.04g　　エ　1.30g　　オ　1.56g

カ　1.82g　　キ　2.08g　　ク　2.34g

6 次の文を読み，後の各問いに答えなさい。 （大谷高）

メタン（CH_4）を完全燃焼させると次の反応式で表される反応により二酸化炭素と水が発生します。

$$CH_4 + 2O_2 \rightarrow CO_2 + 2H_2O$$

酸素 16g にメタンを混合し，安全な密閉容器内で完全燃焼させました。下の表は，混合したメタンの質量に対して，発生した水の質量を示したものです。

混合したメタンの質量（g）	1	3	5	7	9
発生した水の質量（g）	2.25	6.75	9	9	9

次に，酸化銀 116g を加熱して発生した酸素を集めました。集めた酸素に十分な量のメタンを混合し，完全燃焼させると，4.5g の水が発生しました。ただし，酸化銀はすべて反応したものとし，集めた酸素はすべて酸化銀から発生したものとします。

(1) 酸素 16g とちょうど反応するメタンの質量は何 g ですか。最も適切なものを，次のア～キから1つ選び，記号で答えなさい。（　　　）

　ア　2g　　イ　2.5g　　ウ　3g　　エ　3.5g　　オ　4g　　カ　4.5g

　キ　5g

(2) 酸素 16g とメタン 6g を混合し，完全燃焼させると，何 g のメタンが反応せずに残りますか。最も適切なものを，次のア～オから1つ選び，記号で答えなさい。（　　　）

　ア　1g　　イ　2g　　ウ　3g　　エ　4g　　オ　5g

(3) 酸化銀 116g を加熱することによって発生した酸素は何 g ですか。最も適切なものを，次のア～オから1つ選び，記号で答えなさい。（　　　）

　ア　2g　　イ　4g　　ウ　6g　　エ　8g　　オ　10g

(4) 酸化銀 116g を加熱することによって発生した酸素に十分な量のメタンを混合し，完全燃焼させると，何 g の二酸化炭素が発生しますか。最も適切なものを，次のア～カから1つ選び，記号で答えなさい。（　　　）

　ア　2.5g　　イ　3.5g　　ウ　4.5g　　エ　5.5g　　オ　6.5g

　カ　7.5g

(5) 酸化銀 116g を加熱したとき，残った固体の質量は何 g ですか。

（　　　　　　　　g）

(6) この実験より，酸素原子 1 個の質量：銀原子 1 個の質量として最も適切なものを，次のア～カから 1 つ選び，記号で答えなさい。ただし，酸化銀は化学式で Ag_2O と表されます。（　　　　）

ア　2：27　　イ　3：54　　ウ　4：27　　エ　4：29　　オ　5：29

カ　5：54

7　硫酸と水酸化バリウム水溶液を混ぜ合わせると，水溶液ににごりが生じ，十分な時間が経つと，上澄み液と水に溶けにくい物質（沈殿）に分かれます。5 つのビーカー A から E に同じ濃度の硫酸を 20cm³ ずつ入れ，さらに，同じ濃度で異なる体積の水酸化バリウム水溶液を加えました。次の表は，加えた水酸化バリウム水溶液の体積と，生じた沈殿の質量を表しています。後の(1)から(3)の各問いに答えなさい。

(金光八尾高)

表

ビーカー	A	B	C	D	E
水酸化バリウム水溶液の体積〔cm³〕	20	40	60	80	100
沈殿の質量〔g〕	0.14	0.28	0.42	0.49	0.49

(1)　硫酸 20cm³ をすべて反応させるためには，水酸化バリウム水溶液は少なくとも何 cm³ 必要ですか。（　　　　　　　cm³）

(2)　ビーカー B と E の水溶液を混ぜ合わせたとき，新たに生じる沈殿は何 g ですか。（　　　　　　g）

(3)　はじめの実験で用いた硫酸の 2 倍の濃度の硫酸を 40cm³ 用意し，水酸化バリウム水溶液を加えて硫酸をすべて反応させるためには，水酸化バリウム水溶液は少なくとも何 cm³ 必要ですか。また，このときに生じる沈殿は何 g ですか。ただし，水酸化バリウム水溶液は，はじめの実験で用いたものと同じ濃度のものです。

　　　水酸化バリウム水溶液（　　　　　　cm³）　沈殿（　　　　　　g）

\CHIKAMICHI /

↑　ちかみち

●**水溶液の濃度が変化した場合の計算**

　元の水溶液に対して 2 倍，3 倍の濃度の水溶液を用いた場合は，元の水溶液の体積が 2 倍，3 倍になったものとして考えよう。

11 植物・動物

1 植物の蒸散について，次の実験を行いました。これについて，後の各問いに答えなさい。 (仁川学院高)

実験 大きさや葉の枚数が同じホウセンカとガラス棒，メスシリンダーを用意し，A～Eのようにして光の当たる場所に2時間置いた。表1は，実験の条件，および実験の前後で減少した水の量を表している。

表1

実験	条件	減少した水の量〔mL〕
A	何もしない	1.4
B	葉の表にワセリンをぬる	1.1
C	葉の裏にワセリンをぬる	0.6
D	葉をすべて取り去り，その切り口にワセリンをぬる	0.3
E	ホウセンカの代わりにガラス棒を入れる	0.2

(1) 実験Aにおいて，ホウセンカ1本からの蒸散量は，1時間あたり何mLですか。(mL)

(2) 実験Aにおいて，ホウセンカ1本の葉の裏側からの蒸散量は，1時間あたり何mLですか。(mL)

2 ある植物に様々な強さの光を当てて，温度を一定に保ちながら1時間あたりの二酸化炭素の吸収量を調べたところ，表のような結果が得られた。次の問いに答えなさい。 (開明高[改題])

光の強さ(ルクス)	0	200	400	1000	10000	20000	30000
二酸化炭素の吸収量(cm³)	− 6	2	10	34	394	594	594

(1) 10000ルクスにおける光合成速度はいくらか。1時間あたりの二酸化炭素吸収量で答えなさい。(cm³)

(2) 1000 ルクスの光で 14 時間，0 ルクスの光で 10 時間の周期でこの植物を栽培すると，1 日あたり何 mg の有機物ができることになるか。小数第 1 位を四捨五入して整数で答えなさい。ただし，二酸化炭素が 134cm³ 吸収されたとき，有機物が 180mg 合成されるものとする。(　　　　 mg)

3 ある組織に向かう動脈中の酸素飽和度を測定すると 98 ％でした。また，この組織から心臓へ向かう静脈中の酸素飽和度を別の装置で測定したところ 60 ％であることがわかりました。この組織に関して以下の問いに答えなさい。ただし，血液 1 L 中にヘモグロビンは 150g 含まれ，1 g のヘモグロビンは最大 1.4mL の酸素と結合するものとします。　　　　　　　　(桃山学院高[改題])

(1) 1 L の動脈血に含まれる酸素の量は何 mL ですか。小数第 1 位まで答えなさい。(　　　　 mL)

(2) 1 L の血液がこの組織へ供給する酸素の量は何 mL ですか。小数第 1 位まで答えなさい。(　　　　 mL)

(3) この組織には，1 分間に 750mL の血液が流入しており，1 分間に最低でも 48mL の酸素の供給が必要だとされています。酸素飽和度が何％以下になると十分に酸素を供給できなくなりますか。整数で答えなさい。なお，静脈中の酸素飽和度は 60 ％とします。(　　　　 ％)

4 次の(1)，(2)に答えなさい。　　　　　　　　　　　　　　(清風高[改題])

〔実験〕　図のように，カエルのふくらはぎの筋肉を神経ごと取り出し，筋肉から 10mm，40mm 離れた神経上の点をそれぞれ点 A，点 B とした。次に，点 A，点 B にそれぞれ刺激を与え，刺激を与え

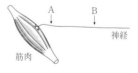

てから筋肉が収縮を始めるまでの時間を測定すると，表のようになった。

表

	A	B
筋肉が収縮を始めるまでの時間〔秒〕	0.0035	0.0050

ただし，神経に与えた刺激はすぐに信号となって神経を伝わるものとします。

(1) 信号が神経を伝わる速さは何 m/秒ですか。(　　　　 m/秒)

(2) 信号が筋肉まで伝わってから，筋肉が収縮し始めるまでの時間は何秒ですか。(　　　　 秒)

12 地震・地層 近道問題

1 ある日の朝，地震が起こった。この地震について，地震計が設置されている A 地点と B 地点の地震計の記録は，右図のようになっていることがわかった。

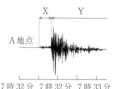

A 地点の地震計の記録には，はじめの小さなゆれ X と，後からくる大きなゆれ Y の 2 種類のゆれが記録されていた。それらの記録から X と Y が始まった時刻を読みとった。

また，A 地点と B 地点の震源距離（地震までの距離）を調べた。下表はその結果をまとめたものである。この地震において，地震の波の伝わる速さは，それぞれ一定として，後の(1)〜(4)に答えなさい。 （大阪薫英女高）

	震源距離	X が始まった時刻	Y が始まった時刻
A 地点	30km	7 時 32 分 15 秒	7 時 32 分 20 秒
B 地点	90km	7 時 32 分 25 秒	7 時 32 分 40 秒

(1) この地震のゆれ X とゆれ Y の速さをそれぞれ答えなさい。

　　ゆれ X （　　　　　　km/秒）　ゆれ Y （　　　　　　km/秒）

(2) 地震が発生した時刻を答えなさい。（　　　時　　　分　　　秒）

(3) 10 年前の東日本大震災を引き起こした東北地方太平洋沖地震などの大きな地震においては，緊急地震速報が発表される。

　　この緊急地震速報の仕組みは，震源に近い地点の地震計が観測する前図の X を解析して，後からくる大きなゆれの前図の Y の到達時刻を各地に知らせるものである。

　　前図の地震において，A 地点にゆれ X が到達してから 4 秒後に，各地に緊急地震速報が伝わったとすると，B 地点で緊急地震速報を受け取る時刻を答えなさい。（　　　時　　　分　　　秒）

(4) (3)において，B 地点で緊急地震速報を受け取ってから，ゆれ X が到達するまでにかかる時間を答えなさい。（　　　　　秒）

2 1995 年 1 月 17 日，兵庫県南部を震源とする地震が起きました。地震の規模を表すマグニチュードは 7.3，最大震度は兵庫県神戸市で 7 を記録しました。図 1 はある地点における地震計の記録を示しています。図 2 の×は震央を，A〜

D は観測地点を示しています。また、各地点に書かれた距離は、震源からの距離を示しています。表は、A～D いずれかの観測地点における⑦と④のゆれが始まったそれぞれの時刻を示しています。次の各問いに答えなさい。

（大阪女学院高［改題］）

図1

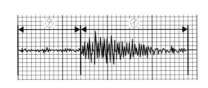

図2

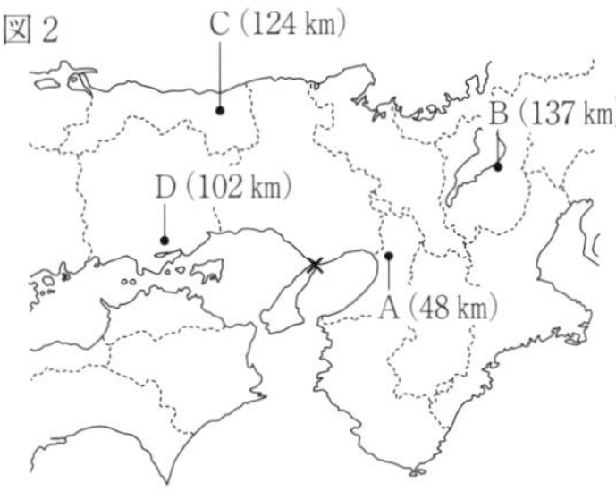

C (124 km)
B (137 km)
D (102 km)
A (48 km)

(1) 図1の地震計の記録は表のア～エのどれですか。記号で答えなさい。ただし、図1の時刻を示す目盛り1目盛りは1秒です。（　　　）

(2) ⑦、④のゆれを伝える波の速さはそれぞれ何 km/秒ですか。小数点第1位を四捨五入し、整数で答えなさい。

⑦（　　　　km/s）　④（　　　　km/s）

表

	⑦のゆれが始まった時刻	④のゆれが始まった時刻
ア	5時47分08秒	5時47分20秒
イ	5時47分00秒	5時47分06秒
ウ	5時47分11秒	5時47分25秒
エ	5時47分13秒	5時47分28秒

(3) この地震が発生した時刻はおよそ何時何分何秒ですか。最も適当なものを次の中から選び、記号で答えなさい。（　　　）

ア　5時46分38秒　　イ　5時46分45秒
ウ　5時46分52秒　　エ　5時46分59秒

3 次の表は、ある地震における観測点 A、B での観測データである。この地震において、初期微動継続時間が18秒の観測点における主要動開始時刻を答えなさい。（23時　　分　　秒）　　　　（福岡大附大濠高）

	初期微動開始時刻	主要動開始時刻	震源距離
観測点 A	23時17分42秒	23時17分46秒	32km
観測点 B	23時17分50秒	23時18分02秒	96km

4 下図は，ある地域の地点 A，B，C，D，E の地質調査を行い，地点 A〜D の ボーリング調査における結果を柱状図で示したものである。また，地点 A〜E の標高はそれぞれ 80m，85m，90m，95m，75m であり，一直線上に等間隔で，地点 A，地点 B，地点 C，地点 D，地点 E の順に並んでいるものとする。次の各問いに答えなさい。ただし，この地域には断層やしゅう曲，地層の上下の逆転はなく，地層は同じ厚さで平行に広がっていることが分かっている。

（奈良大附高）

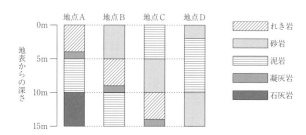

(1) 地点 E の地表からの深さ 3m にはどのような層が現れているか，答えなさい。（　　　　　　）

(2) 地点 D において，凝灰岩の層がある深さとして適切なものを，次のア〜エ より 1 つ選び，記号で答えなさい。（　　　　）

ア　19〜20m　　イ　24〜25m　　ウ　29〜30m　　エ　34〜35m

5 図 1 は，ある地域の地形を等高線で表した地形図です。図 1 中の P 地点を中心として，約 100m 離れた A〜D 地点でボーリング調査を行ったところ，それぞれ図 2 のような柱状図になりました。この地域の地層はほぼ平行に重なっており，上下の逆転や断層は見られませんでした。後の各問いに答えなさい。

（九州国際大付高）

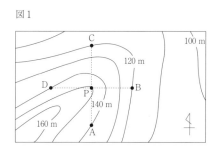

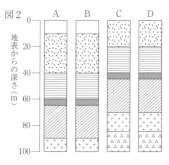

(1) この地域の地下では，地層はどの方角に低くなるように傾いていると考えられますか。東西南北のいずれかで答えなさい。（　　　　）

(2) 図1中のP地点でボーリング調査を行ったとき，地表から何m掘ると図2中の▨▨▨層に到達しますか。（　　　　　m）

6 ある地域の地層について，次の【観察】をしました。以下の各問いに答えなさい。
（上宮高[改題]）

【観察】　この地域の地層のかたむきを調べるために，図1のA〜D地点での，地下の地層の様子を観察しました。A〜D地点の標高はどこも同じで，地層のずれなどはないことがわかっています。図2はA地点，B地点，C地点における凝灰岩の層が地表からの深さ何mのところにあるかを示したもので，凝灰岩の層は黒色で表しています。

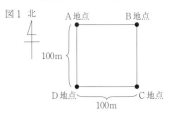
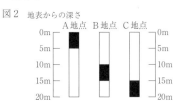

(1) 【観察】の結果からD地点で，凝灰岩の層があらわれるのは，地表から何mの深さですか。（　　　　　m）

(2) 【観察】におけるA地点は標高200mであることがわかっています。図3のように，A地点から東に200m進み，さらに南に50m進んだところに標高220mのE地点があります。このE地点で，凝灰岩の層があらわれるのは，地表から何mの深さですか。ただし，地層はかたむきのみを考えてずれなどはないものとします。（　　　　　m）

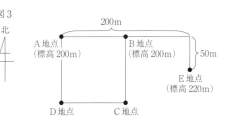

\CHIKAMICHI／
⬆ **ちかみち**

●**地層の対比に関する計算**
火山灰の層（凝灰岩層）や化石を含む地層をつなげて考えよう！

13 水蒸気量・湿度 近道問題

1 気温と湿度について調べるため、次の〔実験〕を行いました。下の問いに答えなさい。ただし、表は気温と飽和水蒸気量との関係を表しています。 (武庫川女子大附高[改題])

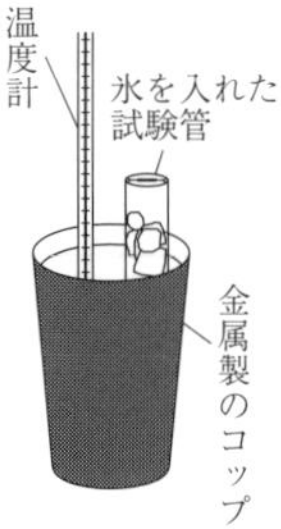

〔実験〕

　ある日の日中に窓を閉め切った部屋で、金属製のコップに室温と同じ23℃の水を入れ、図のように温度を調べながら、氷を入れた試験管でかき混ぜていくと、水温が18℃のときにコップの表面に水滴がついた。

表

気温〔℃〕	17	18	19	20	21	22	23	24
飽和水蒸気量〔g/m³〕	14.5	15.4	16.3	17.3	18.3	19.4	20.6	21.8

(1) 〔実験〕で、部屋の室内の空気の湿度は何％でしたか。小数第1位を四捨五入して整数で答えなさい。(　　　　　％)

(2) 〔実験〕で、部屋の室温が17℃まで下がったとき、部屋全体で凝結した水は何gですか。ただし、部屋の容積は40m³とします。(　　　　　g)

2 育男くんは雨や雲のでき方に興味を持ち、調べました。次の問いに答えなさい。 (奈良育英高[改題])

　空気のかたまりと周囲の空気との間に熱の移動がなく、雲が発生しない状態で上昇、または下降するとき、その温度変化の割合は100mにつき1℃である。また、雲が発生しているときは100mにつき0.5℃である。表は空気の温度と飽和水蒸気量の関係を示している。また、次図は空気のかたまりが山にそって上昇し、雲が生じる様子を模式的に表しており、地表付近で温度が25℃、湿度が59％の空気のかたまりがある。

温度〔℃〕	10	11	12	13	14	15	16	17	18	19
飽和水蒸気量〔g/m³〕	9.4	10.0	10.7	11.3	12.1	12.8	13.6	14.5	15.4	16.3
温度〔℃〕	20	21	22	23	24	25	26	27	28	29
飽和水蒸気量〔g/m³〕	17.3	18.3	19.4	20.6	21.8	23.0	24.4	25.7	27.2	28.7

表

(1) 下線部の空気のかたまりが図のように空気の流れによって山の斜面を上昇し，A地点で雲が発生し始めました。A地点の標高はおよそ何mですか。最も適切なものを次のア〜エから1つ選び，記号で答えなさい。（　　　）

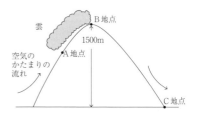

ア　100m　　イ　300m　　ウ　600m　　エ　900m

(2) 下線部の空気のかたまりが山頂のB地点を越え，反対側の斜面を地表付近（C地点）に向かって下降しました。このとき，山頂のB地点まで雨を降らせ，山頂を越えると雲は消え，雨も止みました。C地点での空気のかたまりの温度と湿度をそれぞれ求めなさい。ただし，湿度は小数第1位を四捨五入し，整数で答えなさい。温度（　　　　度）　湿度（　　　　％）

3 図1のように高度0mのA地点から高さが2000mの山を越えて反対側の高度0mのD地点まで下降する空気のかたまりを考える。A地点から上昇した空気のかたまりは高度1000mのB地点で雲が発生して，雨が降り，それは山頂のC地点まで続いた。C地点を越えると雲は発生しなくなった。図2はA地点からD地点までの空気のかたまりの温度と高度の関係を表している。また，表1は気温と飽和水蒸気量の関係を表している。

（同志社高）

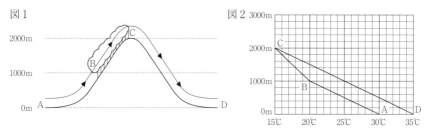

図1

図2

表1　おもな気温における飽和水蒸気量

気温〔℃〕	0	5	10	15	20	25	30	35	40
飽和水蒸気量〔g/m³〕	4.85	6.79	9.39	12.8	17.2	23.0	30.3	39.6	51.1

(1) A地点における空気のかたまりの湿度は何％か，小数第一位を四捨五入して整数で答えなさい。（　　　　％）

(2) D地点での空気のかたまりの湿度は何％か，小数第一位を四捨五入して整数で答えなさい。（　　　　％）

14 圧力・大気圧

1 図1のように，台の上に底面積が 0.05m² のバケツが置いてある。このとき，バケツに水は入っておらず，水が入っていないときのバケツの質量は 200g であった。ただし，100g の物体にはたらく重力を 1N とし，圧力は 1m² あたりの面を垂直に押す力の大きさであり，1N/m² = 1Pa である。このとき，以下の問いに答えなさい。　　　　（京都橘高[改題]）

図1

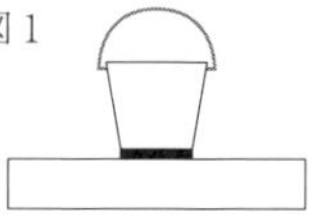

図2

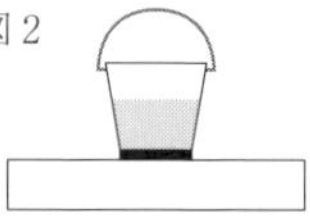

図3

Aさん

(1) 図1のとき，バケツが台を垂直に押す力の大きさ [N] を求めなさい。（　　　　N）

(2) 図1のとき，台がバケツから受ける圧力 [Pa] を求めなさい。（　　　　Pa）

(3) 図2のように，空のバケツに 800cm³ の食塩水を入れた。このとき，台がバケツから受ける圧力 [Pa] を求めなさい。ただし，食塩水の密度を 1.2g/cm³ とする。
（　　　　Pa）

(4) 図3のように，水が 300g 入っているバケツを持った A さんが片足で台の上にのった。このとき，台が A さんの片足から受ける圧力 [Pa] を求めなさい。ただし，A さんの片足の面積を 0.025m²，A さんの質量を 50kg とする。
（　　　　Pa）

2 重さ 50N で，各辺の長さが 5cm，10cm，20cm の直方体のレンガを，スポンジとふれる面を変えながら水平なスポンジの上に置きました。後の問いに答えなさい。
（初芝立命館高[改題]）

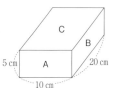

C

B

5cm　　A　　20cm

10cm

(1) スポンジが最もへこむのは，どの面がスポンジとふれ合うときですか。A～Cから選び記号で答えなさい。（　　　）

(2) (1)のとき，スポンジがレンガから受ける圧力は何 Pa ですか。
（　　　　Pa）

3 力・圧力と力のつりあいについて，次の問いに答えなさい。ただし，吸ばん，糸の重さは無視してよいものとする。 (花園高)

(問) 次の文章の(①)～(③)にあてはまるものを以下の選択肢からそれぞれ1つ選びなさい。①( ) ②( ) ③( )

圧力とは単位面積あたりにはたらく力のことである。よって，図1のような重さ48Nの直方体を水平な床面に置くとき，(①)の面を床面に接するようにすると床面にかかる圧力が最も大きくなる。このときの圧力は(②)Paである。ただし，$1m^2$あたりに1Nの力がはたらいているときの圧力を1Paとする。

身の回りには大気（空気）による圧力を利用したものがある。「吸ばん」はその1つである。吸ばんを平らな天井に押しつけることを考える（図2）。押しつける前には，吸ばんの内の空気による圧力と吸ばんの外の空気による圧力の両方が吸ばんにかかっている。しかし天井に吸ばんを押しつけると，吸ばん内の空気が押し出され外側からの圧力が残る。このことで，吸ばんは落下しなくなる。図3のように，平らな天井に押しつけた半径4cmの円形の吸ばんでおもりをつるしたとする。この吸ばんで支えることができるおもりの重さW〔N〕は，吸ばんを押しつけている空気の圧力による力の大きさに等しい。よって，大気による圧力が100000PaのときWの値は(③)である。ただし，円周率をπとする。

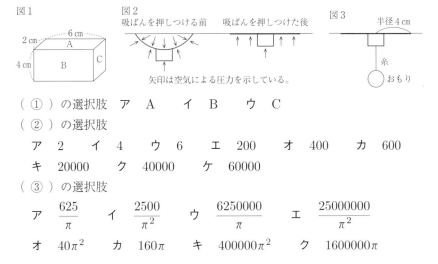

図1
図2　吸ばんを押しつける前　吸ばんを押しつけた後
矢印は空気による圧力を示している。
図3　半径4cm　糸　おもり

(①)の選択肢　ア A　イ B　ウ C

(②)の選択肢

ア 2　イ 4　ウ 6　エ 200　オ 400　カ 600

キ 20000　ク 40000　ケ 60000

(③)の選択肢

ア $\dfrac{625}{\pi}$　イ $\dfrac{2500}{\pi^2}$　ウ $\dfrac{6250000}{\pi}$　エ $\dfrac{25000000}{\pi^2}$

オ $40\pi^2$　カ 160π　キ $400000\pi^2$　ク 1600000π

15 天体

1 太陽の動きを調べるために，夏至の日に北緯 40 度の日本のある地点で，透明半球上に 7 時から 17 時まで 1 時間おきに太陽の位置をサインペンで印をつけて記録しました。右の図は，その印をなめらかに結び，透明半球のふちまでのばして曲線 XY を書いたも

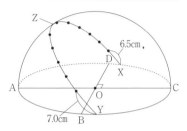

のです。曲線 XY 上の Z は太陽が南中したときの点，O は円の中心を表します。図の曲線 XY 上の 1 時間おきに記録した印をひもにうつしとり，印の間隔の長さを調べたところすべて 3 cm であり，X と Y からそれぞれ 1 つ目の印までの長さは 6.5cm と 7.0cm でした。下の各問いに答えなさい。

（東海大付大阪仰星高[改題]）

(1) 日の出の時刻は何時何分と考えられますか，答えなさい。

（　　時　　　　　分）

(2) この日の昼間の時間（太陽が出ている時間）は何時間何分と考えられますか，答えなさい。（　　　　時間　　　分）

2 右図は，大阪での昼の長さが 1 年で最も長くなる日の地球と太陽の位置関係を表している。北半球の大阪と，南半球の地点 G から太陽を観測したときの太陽の動きや見え方について，次の問いに答えなさい。ただし，地球の地軸は公転面に対して 66.6 度傾いており，大阪は北緯 34.7 度，東経

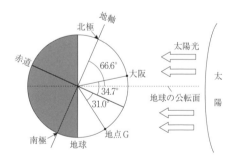

135.5 度で，地点 G は南緯 31.0 度，東経 135.5 度である。

（明星高[改題]）

(1) 次の文中の（　　　）に適当な語句を入れなさい。（　　　　　　）

この日の大阪での太陽の南中高度は（　　　）であった。

(2) 前図の日に，地点 G で太陽の高さが最も高くなったときの高度を求めなさい。ただし，求める高度は 90 度以下である。（　　　　　　度）

3 図の**D**は，日本のある地点で，ある日の午後9時に
南の空に見えたオリオン座の位置を示している。次
の各問いに答えなさい。　　　　（帝塚山学院泉ヶ丘高）

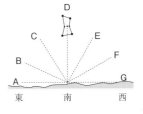

(1) 同じ日の午後11時にオリオン座はどの位置に見
えるか。**A**～**G**から最も適当なものを1つ選び，記
号で答えなさい。（　　　）

(2) 別の日にオリオン座が**F**の位置に見えるのはいつごろか。次の**ア**～**カ**から
最も適当なものを1つ選び，記号で答えなさい。（　　　）

ア 1か月後の午後7時ごろ　　**イ** 1か月後の午後9時ごろ

ウ 1か月後の午後11時ごろ　　**エ** 1か月前の午後7時ごろ

オ 1か月前の午後9時ごろ　　**カ** 1か月前の午後11時ごろ

4 次の図は，東京都の夜空を見上げて同じ時刻に見えたある星座の位置を，1ヶ
月ごとに記録したものである。また，**A**～**E**は星座の各位置，**X**～**Z**はそれぞ
れ東西南北のいずれかの方角を表している。後の問いに答えなさい。　（綾羽高）

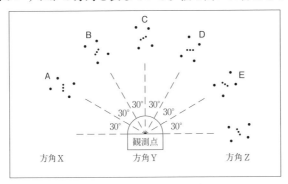

12月17日の午前0時にこの星座が南中していた。

(1) 2月17日の午前0時に，この星座が見られる位置はどれか。図の**A**～**E**
より1つ選び，記号で答えなさい。（　　　）

(2) 2月17日に図の星座が**B**の位置に見えた。そのときの時刻は午後何時か，
答えなさい。（午後　　　　時）

5 図は，地球の北極側から見た太陽，金星，地球の位置関係
を表した模式図です。ただし，破線は各惑星の公転軌道を表
し，各惑星は同一平面上を公転しているものとします。

図のような位置関係のとき，地球と金星は最も近づいてい
ます。地球の公転周期を 12 か月，金星の公転周期を 7.5 か
月とすると，次に地球と金星が最も近づくのはこのときから
何か月後ですか。（　　　　　　　か月後）　　　　・　（清風高[改題]）

6 C君が福岡で 2019 年 6 月 11 日の夜に星の観察を行ったところ，午後 7 時
頃から一晩中明るい木星を観察することができた。調べてみると，この日は太
陽と地球と木星が図 1 のようにまっすぐ一列に並ぶ「衝（しょう）」と呼ばれる位置関係
にあることがわかった。図 2 は午前 0 時の観察記録である。次の各問いに答え
なさい。

（西南学院高）

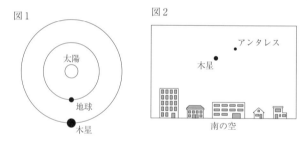

図1　　　　　　　　　図2

(1) 同じ地点で，2019 年 7 月 26 日に夜空を観察した。このとき，さそり座の
アンタレスが同じ位置にくる時刻として最も適当なものを次の中から 1 つ選
びなさい。（　　　）

　ア　午後 9 時　　イ　午後 11 時　　ウ　午前 1 時　　エ　午前 3 時

(2) 次に木星が衝となるのはおよそ何日後か。最も適当なものを次の中から 1
つ選びなさい。ただし，木星の公転周期は地球の 12 倍とする。（　　　）

　ア　200 日後　　イ　300 日後　　ウ　400 日後　　エ　500 日後
　オ　600 日後

解答・解説
近道問題

1. 光

1 (1) 6 (cm)　(2) 4 (cm)

2 (1) 15°　(2) エ

3 (1) ① 6 (cm)　② 12 (cm)　(2) 3

◇ **解説** ◇

1 (1) 次図アのように，像は鏡に対して線対称な位置にできる。像の両端 A，B と X をそれぞれ結んだとき，光が鏡面で反射する位置 C，D の幅が 2 目盛り分なので，必要な鏡の幅は，3 (cm) × 2 = 6 (cm)

(2) 次図イのように，像と鏡の距離は 6 目盛り分で，鏡と X の距離は 3 目盛り分。△XGH ∽△XEF で，相似比は，3：(3 + 6) = 1：3　よって，GH：EF = 1：3 なので，GH の長さは，12 (cm) × $\frac{1}{3}$ = 4 (cm)

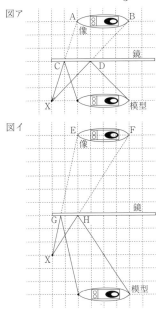

2 (1) 鏡 1 の光の入射角は，90° − 45° = 45° 光の反射角は入射角と等しいので 45°。次図アで，鏡 1 と鏡 2 と光がなす三角形において，光と鏡 2 が作る角の大きさは，180° − 45° − 60° = 75°　よって，鏡 2 への光の入射角は，90° − 75° = 15° なので，反射角も 15°。

(2) 次図イで，鏡 1 と鏡 2 で反射した光は平行なので，錯角は等しい。鏡 2 の光の入射角と反射角の和は 45° で，入射角と反射角は等しいので，入射角は，45° × $\frac{1}{2}$ = 22.5°　よって，角度 a の大きさは，180° − (90° − 22.5°) − 45° = 67.5°

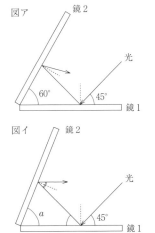

3 (1) ① 図 1 で，△OAB ∽△OCD で，OB：OD = 20 (cm)：30 (cm) より，CD の長さは，4 (cm) × $\frac{30 \ (cm)}{20 \ (cm)}$ = 6 (cm)

② 次図のように，A から軸に平行に進んだ光とレンズの交点を P とすると，△COF$_2$

∽△CAP で，辺の長さの比は，△COF$_2$：△CAP = 6 (cm)：(6 + 4) (cm) = 3：5　AP = 20cm なので，OF$_2$ の長さは，20 (cm) × $\dfrac{3}{5}$ = 12 (cm)

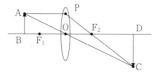

(2) 次図で，方眼の 1 目盛りを 2 cm とする。AB は物体，F$_1$，F$_2$ は焦点の位置で，XY は虚像を表す。△XOF$_2$ ∽△XAP で，OF$_2$：AP = 12 (cm)：8 (cm) = 3：2 より，XO：XA = 3：2　また，△OXY ∽ △OAB で，OX：OA = 3：(3 − 2) = 3：1　よって，XY：AB = 3：1

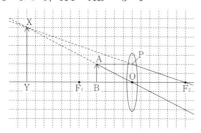

2．音

1 (1) ① 900　② 75　(2) ③ 25　④ 900
2 (1) 340.4 (m/s)
(2) 766.0（または，765.9）(m)
3 Y（さんの方が）0.2（秒早くゴールした。）

◇ 解説 ◇

1 (1) ① 表より，弦の長さが，$\dfrac{60 \,(\text{cm})}{30 \,(\text{cm})}$ = 2 (倍) になると，振動数は，$\dfrac{600 \,(\text{Hz})}{1200 \,(\text{Hz})}$ = $\dfrac{1}{2}$ (倍) になるので，振動数は弦の長さに

反比例していることがわかる。よって，弦の長さが，$\dfrac{40 \,(\text{cm})}{30 \,(\text{cm})}$ = $\dfrac{4}{3}$ (倍) より，振動数は，1200 (Hz) × $\dfrac{3}{4}$ = 900 (Hz)　② 振動数が，$\dfrac{480 \,(\text{Hz})}{1200 \,(\text{Hz})}$ = $\dfrac{2}{5}$ (倍) より，弦の長さは，30 (cm) × $\dfrac{5}{2}$ = 75 (cm)

(2) ③ 表より，おもりの質量が，$\dfrac{400 \,(\text{g})}{100 \,(\text{g})}$ = 4 (倍) = 2 × 2 (倍) になると，振動数は，$\dfrac{1200 \,(\text{Hz})}{600 \,(\text{Hz})}$ = 2 (倍) になることがわかる。よって，振動数が，$\dfrac{300 \,(\text{Hz})}{600 \,(\text{Hz})}$ = $\dfrac{1}{2}$ (倍) より，おもりの質量は，100 × $\dfrac{1}{2}$ × $\dfrac{1}{2}$ = 25 (g)　④ おもりの質量が，$\dfrac{225 \,(\text{g})}{100 \,(\text{g})}$ = $\dfrac{9}{4}$ (倍) = $\dfrac{3}{2}$ × $\dfrac{3}{2}$ (倍) より，振動数は，600 (Hz) × $\dfrac{3}{2}$ = 900 (Hz)

2 (1) $\dfrac{3200 \,(\text{m})}{9.4 \,(\text{s})}$ ≒ 340.4 (m/s)

(2) 音は，花火が音を発した点から山までの間を，4.5秒で1往復しているので，花火が音を発した点から山までの距離は，$\dfrac{3200 \,(\text{m})}{9.4 \,(\text{s})}$ × 4.5 (s) × $\dfrac{1}{2}$ ≒ 766.0 (m)　**【別解】**(1) より，花火が音を発した点から山までの距離は，340.4 (m/s) × 4.5 (s) × $\dfrac{1}{2}$ = 765.9 (m)

3 X さんを担当した計測係が，X さんがスタートしてからストップウォッチをスタートさせるまでにかかった時間は，ピス

トルの音が計測係に届くまでの時間と等しい。ストップウォッチをスタートさせるまでにかかった時間は，$\dfrac{(200 + 4)\,(\text{m})}{340\,(\text{m/秒})} = 0.6\,(秒)$　Ｘさんの実際のタイムは，$27.7\,(秒) + 0.6\,(秒) = 28.3\,(秒)$　よって，Ｙさんの方が，$28.3\,(秒) - 28.1\,(秒) = 0.2\,(秒)$早くゴールしたことになる。

■ 3．ばね

1 (1) 42 (cm)　(2) 40 (N)　(3) 230 (cm)
(4) 153 (cm)

2 (1) 4 (cm)　(2) 18 (cm)
(3) A．3.4 (cm)　B．3 (cm)

3 (1) 0.15 (N)　(2) 0.60 (N)　(3) 2.0 (N)

◇ **解説** ◇

1 (1) ばねののびは加えられた力の大きさに比例するので，ばねＡののびは，$8\,(\text{cm}) \times \dfrac{30\,(\text{N})}{20\,(\text{N})} = 12\,(\text{cm})$　よって，ばねＡの長さは，$30\,(\text{cm}) + 12\,(\text{cm}) = 42\,(\text{cm})$

(2) ばねＢののびは，$60\,(\text{cm}) - 40\,(\text{cm}) = 20\,(\text{cm})$なので，ばねＢに加えた力の大きさは，$20\,(\text{N}) \times \dfrac{20\,(\text{cm})}{10\,(\text{cm})} = 40\,(\text{N})$

(3) 図1の3本のばねにはそれぞれ100Nの力が加わる。ばねＡの長さは，$30\,(\text{cm}) + 8\,(\text{cm}) \times \dfrac{100\,(\text{N})}{20\,(\text{N})} = 70\,(\text{cm})$　ばねＢの長さは，$40\,(\text{cm}) + 10\,(\text{cm}) \times \dfrac{100\,(\text{N})}{20\,(\text{N})} = 90\,(\text{cm})$　ばねＣの長さは，$50\,(\text{cm}) + 2\,(\text{cm}) \times \dfrac{100\,(\text{N})}{10\,(\text{N})} = 70\,(\text{cm})$　よって，3本のばねの合計の長さは，$70\,(\text{cm}) + 90\,(\text{cm}) + 70\,(\text{cm}) = 230\,(\text{cm})$

(4) ばねＡののびは，$42\,(\text{cm}) - 30\,(\text{cm}) = 12\,(\text{cm})$なので，加えられた力の大きさは，$20\,(\text{N}) \times \dfrac{12\,(\text{cm})}{8\,(\text{cm})} = 30\,(\text{N})$　このときばねＢ，ばねＣにも30Nの力が加わるので，ばね全体の長さは，$42\,(\text{cm}) + 40\,(\text{cm}) + 10\,(\text{cm}) \times \dfrac{30\,(\text{N})}{20\,(\text{N})} + 50\,(\text{cm}) + 2\,(\text{cm}) \times \dfrac{30\,(\text{N})}{10\,(\text{N})} = 153\,(\text{cm})$

2 (1) 実験1・2より，つるしたおもりの質量の差は，$80\,(\text{g}) - 40\,(\text{g}) = 40\,(\text{g})$　ばねＡの長さの差は，$20\,(\text{cm}) - 16\,(\text{cm}) = 4\,(\text{cm})$なので，ばねＡの10gあたりののびは，$4\,(\text{cm}) \times \dfrac{10\,(\text{g})}{40\,(\text{g})} = 1\,(\text{cm})$　ばねＡのもとの長さは，$16\,(\text{cm}) - 4\,(\text{cm}) = 12\,(\text{cm})$　ばねＢの長さの差は，$24\,(\text{cm}) - 18\,(\text{cm}) = 6\,(\text{cm})$なので，ばねＢの10gあたりののびは，$6\,(\text{cm}) \times \dfrac{10\,(\text{g})}{40\,(\text{g})} = 1.5\,(\text{cm})$　ばねＢのもとの長さは，$18\,(\text{cm}) - 6\,(\text{cm}) = 12\,(\text{cm})$　2本のばねののびが等しくなるとき，ばねＡとばねＢにはたらく力の比は，$\dfrac{1}{1\,(\text{cm})} : \dfrac{1}{1.5\,(\text{cm})} = 3 : 2$　図2で，100gのおもりの重さが2本のばねに3：2の割合でかかるとき，おもりをつるした位置から棒のはしまでの距離の比は，$\dfrac{1}{3} : \dfrac{1}{2} = 2 : 3$より，$10\,(\text{cm}) \times \dfrac{2}{2 + 3} = 4\,(\text{cm})$

(2) ばねＡにかかる力は，$100\,(\text{g}) \times \dfrac{3}{3 + 2} = 60\,(\text{g})$　このとき，ばねＡののびは，$1\,(\text{cm}) \times \dfrac{60\,(\text{g})}{10\,(\text{g})} = 6\,(\text{cm})$　よって，ばね

A の長さは，12（cm）＋ 6（cm）＝ 18（cm）

(3) 図 3 で，40g のおもりを支える力は，2 本のばねの方向の分力に分かれる。次図より，おもりにはたらく重力とばね A にかかる分力と，ばね B にかかる分力の比は，2：$\sqrt{3}$：1 これより，ばね A にはたらく分力の大きさは，40（g）× $\dfrac{\sqrt{3}}{2}$ ＝ 34（g） ばね B にはたらく分力の大きさは，40（g）× $\dfrac{1}{2}$ ＝ 20（g） よって，ばね A ののびは，1（cm）× $\dfrac{34（g）}{10（g）}$ ＝ 3.4（cm） ばね B ののびは，1.5（cm）× $\dfrac{20（g）}{10（g）}$ ＝ 3（cm）

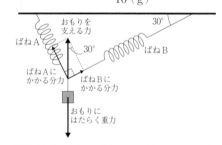

3 (1) 図 2 より，ばねののびが 4.0cm のとき，ばねを引く力の大きさが 0.30N なので，ばねののびが 2.0cm のときは，0.30（N）× $\dfrac{2.0（cm）}{4.0（cm）}$ ＝ 0.15（N） よって，手が糸を引く力の大きさは 0.15N。

(2) 動滑車では左右の糸に同じ大きさの上向きの力がかかるので，物体 A を糸で持ち上げる力の大きさは，0.30（N）＋ 0.30（N）＝ 0.60（N）

(3) 動滑車を用いているので，手が糸を引き下げる距離は物体を引き上げる距離の 2 倍になる。よって，1.0（cm）× 2（倍）＝ 2.0（cm）

4．水圧・浮力

1 (1) 1.5（N） (2) 200（cm³）

(3) 0.75（g/cm³） (4) $\dfrac{3}{8}$

2 (1) 20（N） (2) 40（cm）

3 (1) ア．0 イ．4 (2) ア．5 イ．0

(3) ア．6 イ．0

◇ 解説 ◇

1 (1) 水面に浮いているとき，重力と浮力はつり合っている。150g の物体にはたらく重力は 1.5N。

(2) この物体の水面下の体積は，浮力 1.5N に等しい水の重さの体積になるので，水の密度 1.0g/cm³ より，150cm³。物体の，1 － $\dfrac{1}{4}$ ＝ $\dfrac{3}{4}$ が 150cm³ なので，全体の体積は，150（cm³）× $\dfrac{4}{3}$ ＝ 200（cm³）

(3) $\dfrac{150（g）}{200（cm³）}$ ＝ 0.75（g/cm³）

(4) 浮力の大きさは変わらないので，水中の体積は，$\dfrac{150（g）}{1.2（g/cm³）}$ ＝ 125（cm³） 液面より上に出る部分の体積は，200（cm³）－ 125（cm³）＝ 75（cm³） 物体全体の体積に対する割合は，$\dfrac{75（cm³）}{200（cm³）}$ ＝ $\dfrac{3}{8}$

2 (1) このばねは 10N の力で 10cm のびるので，ばねののびが 30cm のとき，ばねに加わる力の大きさは，10（N）× $\dfrac{30（cm）}{10（cm）}$ ＝ 30（N） おもりにはたらく重力の大きさは 50N なので，おもりにはたらく浮力の大きさは，50（N）－ 30（N）＝ 20（N）

(2) おもりの体積が 2000cm³，底面積が 100cm² なので，おもりの高さは，

$$\frac{2000\,(\text{cm}^3)}{100\,(\text{cm}^2)} = 20\,(\text{cm})$$ 高さが20cmの
おもりがすべて水面下に沈んでいるときに
はたらく浮力の大きさが20Nなので，お
もりの上面を水面から高さ10cmのところ
で静止させたときにおもりにはたらく浮力
の大きさは，$20\,(\text{N}) \times \dfrac{10\,(\text{cm})}{20\,(\text{cm})} = 10\,(\text{N})$
よって，ばねに加わる力の大きさは，50
(N) − 10 (N) − 40 (N)なので，ばねのの
びは，$10\,(\text{cm}) \times \dfrac{40\,(\text{N})}{10\,(\text{N})} = 40\,(\text{cm})$

3 (1) 図3の直方体Aのグラフより，xが
0cmのときのばねばかりの値が3.2N，x
が10cmのときのばねばかりの値が2.8N
なので，3.2 (N) − 2.8 (N) = 0.4 (N)

(2) 図4で棒が水平になるのは，図3のグラ
フで直方体Aと直方体Bのばねばかりの値
が等しくなるとき。図3の直方体Aのグラ
フは，xの値が10cm増加するとFの値は，
3.2 (N) − 2.8 (N) = 0.4 (N)減少するので，
グラフの傾きは，$\dfrac{-0.4}{10} = -\dfrac{1}{25}$となり，直

線の式は，$\text{F} = -\dfrac{1}{25}x + 3.2$ 図3の直方
体Bのグラフは，xの値が10cm増加する
とFの値は，3.6 (N) − 2.4 (N) = 1.2 (N)

減少するので，グラフの傾きは，$\dfrac{-1.2}{10} = -$

$\dfrac{3}{25}$となり，直線の式は，$\text{F} = -\dfrac{3}{25}x + 3.6$

よって，$\begin{cases} \text{F} = -\dfrac{1}{25}x + 3.2 \\ \text{F} = -\dfrac{3}{25}x + 3.6 \end{cases}$を解き，$x =$

5 (cm)

(3) (2)より，xが5cmのときのばねばかり

の値は，$\text{F} = -\dfrac{1}{25} \times 5 + 3.2 = 3.0\,(\text{N})$
よって，直方体Aと直方体Bがそれぞれ
3.0Nの力で棒を引き下げるので，3.0 (N) +
3.0 (N) = 6.0 (N)

5. 電流回路

1 (1)（電流の大きさ）9.0 (A)　（向き）右
(2)（電流の大きさ）12.0 (A)　（向き）右
(3)（電流の大きさ）7.0 (A)　（向き）右
2 (1) 1.0 (A)　(2) 0.3 (A)　(3) 0.9 (A)
3 (1) 3.0 (V)　(2) 500 (mA)
(3) 187.5 (mA)

◇ **解説** ◇

1 (1) 並列回路では，それぞれの抵抗にかか
る電圧は等しく，回路全体に流れる電流の
大きさは，それぞれの抵抗に流れる電流の

和なので，$\dfrac{60\,(\text{V})}{10\,(\Omega)} + \dfrac{60\,(\text{V})}{20\,(\Omega)} = 9.0\,(\text{A})$

(2) 図2で，R_1にかかる電圧は，60 (V) +
30 (V) = 90 (V)　R_2にかかる電圧は60V
なので，点Pを流れる電流の大きさは，

$\dfrac{90\,(\text{V})}{10\,(\Omega)} + \dfrac{60\,(\text{V})}{20\,(\Omega)} = 12.0\,(\text{A})$

(3) 図3で，R_1にかかる電圧は，60 (V) +
30 (V) − 50 (V) = 40 (V)　R_2にかかる
電圧は60Vなので，点Pを流れる電流の

大きさは，$\dfrac{40\,(\text{V})}{10\,(\Omega)} + \dfrac{60\,(\text{V})}{20\,(\Omega)} = 7.0\,(\text{A})$

2 (1) 抵抗線adの抵抗は，$\dfrac{12\,(\text{V})}{0.4\,(\text{A})} = 30$

(Ω)　a点とc点の間の抵抗は，$\dfrac{12\,(\text{V})}{0.6\,(\text{A})} =$

20 (Ω)　したがって，a点とc点の間の20
Ωの抵抗と，30 Ωの抵抗線ehが並列に接
続される。a点とc点の間の抵抗に流れる

電流は, $\dfrac{12\,(\mathrm{V})}{20\,(\Omega)} = 0.6\,(\mathrm{A})$ また, 抵抗

線 eh に流れる電流は, $\dfrac{12\,(\mathrm{V})}{30\,(\Omega)} = 0.4\,(\mathrm{A})$

よって, 電源を流れる電流は, $0.6\,(\mathrm{A}) +$ $0.4\,(\mathrm{A}) = 1.0\,(\mathrm{A})$

(2) a 点と c 点の間の 20 Ω の抵抗と, f 点と h 点の間の 20 Ω の抵抗が直列に接続される。合成抵抗は, $20\,(\Omega) + 20\,(\Omega) = 40\,(\Omega)$ よって, 電源を流れる電流は, $\dfrac{12\,(\mathrm{V})}{40\,(\Omega)} =$ $0.3\,(\mathrm{A})$

(3) 電源から b 点, a 点, e 点, f 点を経て電源にもどる部分と, 電源から b 点, d 点, h 点, f 点を経て電源にもどる部分が並列に接続された回路になる。抵抗の大きさは抵抗線の長さに比例するので, a 点と b 点の間の抵抗は, $30\,(\Omega) \times \dfrac{1}{3} = 10\,(\Omega)$ b 点と a 点の間の 10 Ω の抵抗と e 点と f 点の間の 10 Ω の抵抗が直列につながった部分の合成抵抗は, $10\,(\Omega) + 10\,(\Omega) = 20\,(\Omega)$ で, この部分を流れる電流は, $\dfrac{12\,(\mathrm{V})}{20\,(\Omega)} =$ $0.6\,(\mathrm{A})$ また, b 点と d 点の間の 20 Ω の抵抗と h 点と f 点の間の 20 Ω の抵抗が直列につながった部分の合成抵抗は, $20\,(\Omega) +$ $20\,(\Omega) = 40\,(\Omega)$ で, この部分を流れる電流は, $\dfrac{12\,(\mathrm{V})}{40\,(\Omega)} = 0.3\,(\mathrm{A})$ よって, 電源を流れる電流は, $0.6\,(\mathrm{A}) + 0.3\,(\mathrm{A}) = 0.9$ (A)

3 (1) 操作 I では抵抗器 R_1 のみが接続された回路になる。200mA = 0.2A より, R_1 の抵抗の値は, $\dfrac{6.0\,(\mathrm{V})}{0.2\,(\mathrm{A})} = 30\,(\Omega)$ 操作 II では抵抗器 R_1 と抵抗器 R_2 の直列回路

になる。$V_1 = 3.6\mathrm{V}$, $R_1 = 30\,\Omega$ なので, 回路を流れる電流は, $\dfrac{3.6\,(\mathrm{V})}{30\,(\Omega)} = 0.12\,(\mathrm{A})$ 電源電圧は 6.0V なので, $V_2 = 6.0\,(\mathrm{V}) -$ $3.6\,(\mathrm{V}) = 2.4\,(\mathrm{V})$ したがって, R_2 の抵抗 の値は, $\dfrac{2.4\,(\mathrm{V})}{0.12\,(\mathrm{A})} = 20\,(\Omega)$ 操作 III では 抵抗器 R_3 と抵抗器 R_2 の直列回路になる。回路を流れる電流が, 150mA = 0.15A, $R_2 = 20\,\Omega$ なので, 電圧計 V_2 の示す値は, $0.15\,(\mathrm{A}) \times 20\,(\Omega) = 3.0\,(\mathrm{V})$

(2) (1) より, 操作 III では, $V_2 = 3.0\mathrm{V}$ なので, R_3 に加わる電圧は, $6.0\,(\mathrm{V}) - 3.0\,(\mathrm{V}) =$ $3.0\,(\mathrm{V})$ 回路を流れる電流が 0.15A なので, R_3 の抵抗の値は, $\dfrac{3.0\,(\mathrm{V})}{0.15\,(\mathrm{A})} = 20\,(\Omega)$ 操作 IV では抵抗器 R_1 と抵抗器 R_3 の並列回路になる。電源電圧が 6.0V なので, 抵抗の値が 30 Ω の抵抗器 R_1 に流れる電流は, $\dfrac{6.0\,(\mathrm{V})}{30\,(\Omega)} = 0.2\,(\mathrm{A})$ 抵抗の値が 20 Ω の抵抗器 R_3 に流れる電流は, $\dfrac{6.0\,(\mathrm{V})}{20\,(\Omega)} =$ $0.3\,(\mathrm{A})$ よって, 電流計の示す値は, 0.2 $(\mathrm{A}) + 0.3\,(\mathrm{A}) = 0.5\,(\mathrm{A})$ より, 500mA。

(3) 操作 V では抵抗器 R_1 と抵抗器 R_3 を並列につなぎ, そこに抵抗器 R_2 を直列につなげた回路になる。並列につないだ抵抗器 R_1 と抵抗器 R_3 の合成抵抗 R は, $\dfrac{1}{R} =$ $\dfrac{1}{20} + \dfrac{1}{30}$ より, $R = 12\,(\Omega)$ この回路全体は, 12 Ω の抵抗器と 20 Ω の抵抗器 R_2 の直列回路とみなせるので, 回路全体の抵抗の値は, $12\,(\Omega) + 20\,(\Omega) = 32\,(\Omega)$ 電源電圧は 6.0V なので, 電流計の示す値は, $\dfrac{6.0\,(\mathrm{V})}{32\,(\Omega)} = 0.1875\,(\mathrm{A})$ より, 187.5mA。

6. 電力・熱量

1 (1) 25200000 (J)　(2) 70 (℃)

2 (1) C, B, A　(2) 280 (W)

3 (1) 40 (Ω)　(2) (容器3：容器4) 4：1

(3) エ

◇ **解説** ◇

1 (1) 1 時間 = 3600 秒，7.0kW = 7000W より，7000 (W) × 3600 (s) = 25200000 (J)

(2) 100kg = 100000g の水を 1℃上げるのに必要な熱量は，4.2 (J) × 100000 (g) = 420000 (J)　よって，水の上昇温度は，1 (℃) × $\dfrac{25200000 \text{ (J)}}{420000 \text{ (J)}}$ = 60 (℃) なので，100kg の水の温度は，10 (℃) + 60 (℃) = 70 (℃)

2 (1) 電球Aについて，100V の電源に 10W の電球Aをつないだとき，電球に流れる電流の大きさは，$\dfrac{10 \text{ (W)}}{100 \text{ (V)}}$ = 0.1 (A)　10W の電球Aの抵抗の大きさは，$\dfrac{100 \text{ (V)}}{0.1 \text{ (A)}}$ = 1000 (Ω)　電球Bについて，100V の電源に 40W の電球Bをつないだとき，電球に流れる電流の大きさは，$\dfrac{40 \text{ (W)}}{100 \text{ (V)}}$ = 0.4 (A)　40W の電球Bの抵抗の大きさは，$\dfrac{100 \text{ (V)}}{0.4 \text{ (A)}}$ = 250 (Ω)　電球Cについて，100V の電源に 20W の電球Cをつないだとき，電球に流れる電流の大きさは，$\dfrac{20 \text{ (W)}}{100 \text{ (V)}}$ = 0.2 (A)　20W の電球Cの抵抗の大きさは，$\dfrac{100 \text{ (V)}}{0.2 \text{ (A)}}$ = 500 (Ω)　図1の回路で，10W の電球Aと 40W の電球Bが並列につながった部分全体の抵抗の大きさを R Ω とすると，$\dfrac{1}{R \text{ (Ω)}}$ = $\dfrac{1}{1000 \text{ (Ω)}}$ + $\dfrac{1}{250 \text{ (Ω)}}$ より，R = 200 (Ω)　図1の回路全体の抵抗の大きさは，200 (Ω) + 500 (Ω) = 700 (Ω)　電源から流れる電流の大きさは，$\dfrac{140 \text{ (V)}}{700 \text{ (Ω)}}$ = 0.2 (A)　20W の電球Cに加わる電圧の大きさは，500 (Ω) × 0.2 (A) = 100 (V)　電球Cで消費する電力の大きさは，100 (V) × 0.2 (A) = 20 (W)　10W の電球Aと 40W の電球Bが並列につながった部分に加わる電圧の大きさは，140 (V) − 100 (V) = 40 (V)　電球Aに流れる電流の大きさは，$\dfrac{40 \text{ (V)}}{1000 \text{ (Ω)}}$ = 0.04 (A)　電球Aで消費する電力の大きさは，40 (V) × 0.04 (A) = 1.6 (W)　40W の電球Bに流れる電流の大きさは，$\dfrac{40 \text{ (V)}}{250 \text{ (Ω)}}$ = 0.16 (A)　電球Bで消費する電力の大きさは，40 (V) × 0.16 (A) = 6.4 (W)　よって，消費する電力が最も大きい電球Cが最も明るく光り，消費する電力が最も小さい電球Aが最も暗く光る。

(2) 図1の電球A，B，Cと図2の電気抵抗 a, b, c の抵抗値を比べると，$\dfrac{100 \text{ (Ω)}}{1000 \text{ (Ω)}}$ = $\dfrac{1}{10}$ (倍)，$\dfrac{25 \text{ (Ω)}}{250 \text{ (Ω)}}$ = $\dfrac{1}{10}$ (倍)，$\dfrac{50 \text{ (Ω)}}{500 \text{ (Ω)}}$ = $\dfrac{1}{10}$ (倍)より，図2の電気抵抗の抵抗値は，図1の電球の抵抗値の $\dfrac{1}{10}$ 倍になっている。よって，図2のそれぞれの電気抵抗を流れる電流の大きさは，図1のそれぞれの電球を流れる電流の大きさの 10 倍になるの

で，消費する電力の合計も 10 倍になる。図
1 で，電球 A，B，C が消費する電力の合
計は，1.6（W）＋ 6.4（W）＋ 20（W）＝ 28
（W）　よって，図 2 で，電気抵抗 a，b，c
が消費する電力の合計は，28（W）× 10 ＝
280（W）

3 (1) 容器 1 と容器 2 の水の量は同じ。水
の量が一定のとき，水の温度上昇は電力に
比例するので，電熱線 a と電熱線 b の電力
の比は 1：4。図 1 は直列つなぎなので，電
熱線 b には電熱線 a と同じ 0.4A の電流が
流れる。電流が一定のとき，電力は電圧に
比例するので，電熱線 a と電熱線 b の電圧
の比は 1：4。電熱線 b に加わる電圧は，20
（V）× $\frac{4}{5}$ ＝ 16（V）　よって，電熱線 b の

抵抗は，$\frac{16（V）}{0.4（A）}$ ＝ 40（Ω）

(2)(1)より，図 1 の電熱線 a に加わる電圧は，
20（V）－ 16（V）＝ 4（V）　流れた電流は

0.4A なので，電熱線 a の抵抗は，$\frac{4（V）}{0.4（A）}$ ＝

10（Ω）　図 2 は並列つなぎなので，図 2 の
電熱線 a と電熱線 b に加わる電圧はどち
らも 20V。電圧が一定のとき，電力は電流
に比例するので，容器 3 と容器 4 の水の温
度上昇の比は，電熱線 a と電熱線 b の電流
の比に等しい。電熱線 a を流れる電流は，

$\frac{20（V）}{10（Ω）}$ ＝ 2（A）　また，電熱線 b の抵抗

は 40 Ω なので，電熱線 b を流れる電流は，

$\frac{20（V）}{40（Ω）}$ ＝ 0.5（A）　よって，容器 3 と容器

4 の水の温度上昇の比は，2（A）：0.5（A）＝
4：1

(3) 容器 1 ～ 4 の水の量は同じなので，水の
温度上昇は電力に比例する。容器 1 の電熱

線 a の電力は，(1)より，4（V）× 0.4（A）＝
1.6（W）　容器 2 の電熱線 b の電力は，16
（V）× 0.4（A）＝ 6.4（W）　容器 3 の電熱
線 a の電力は，(2)より，20（V）× 2（A）＝
40（W）　容器 4 の電熱線 b の電力は，20
（V）× 0.5（A）＝ 10（W）　電力の大きさ
は，容器 1 ＜容器 2 ＜容器 4 ＜容器 3 なの
で，$T_1 < T_2 < T_4 < T_3$

▋ 7．物体の運動

1 (1) 0.1（秒）　(2) 25（cm/秒）
(3) 40（cm/秒）　(4) 10（cm/秒）

2 (1) 2.5（m/秒）　(2) 300（m）
(3) 22.5（m/秒）

3 (1) ア．122.5　イ．147　ウ．245
エ．441　オ．98　カ．98
(2) 980（cm/（秒）^{2}）　(3)（次図）
(4) 44（m）

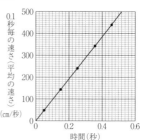

◇ 解説 ◇

1 (1)記録タイマーは 1 秒間に 60 回打点す
るので，6 回打点するのにかかる時間は，1

（秒）× $\frac{6（回）}{60（回）}$ ＝ 0.1（秒）

(2)図 2 より，CD 間の距離は，4.5（cm）－
2.0（cm）＝ 2.5（cm）　(1)より，テープは
0.1 秒間ごとに区切られているので，CD 間

での台車の平均の速さは，$\frac{2.5（cm）}{0.1（秒）}$ ＝ 25

（cm/秒）

(3) 図2より，DF 間の距離は，12.5 (cm) − 4.5 (cm) = 8.0 (cm)　DF 間は区切り2つ分なので，0.1（秒）× 2 = 0.2（秒）に進んだ距離を表している。よって，DF 間での台車の平均の速さは，$\dfrac{8.0\ (\text{cm})}{0.2\ (\text{秒})} = 40$ (cm/秒)

(4) 図2より，各区間の長さを求める。AB 間は 0.5cm。BC 間は，2.0 (cm) − 0.5 (cm) = 1.5 (cm)　(2)より，CD 間は2.5cm。DE 間は，8.0 (cm) − 4.5 (cm) = 3.5 (cm)　EF 間は，12.5 (cm) − 8.0 (cm) = 4.5 (cm)　区間の長さが，1.5 (cm) − 0.5 (cm) = 1.0 (cm) ずつ長くなっているので，0.1秒間に台車が進む距離は1.0cm ずつ増えている。よって，速さは，$\dfrac{1.0\ (\text{cm})}{0.1\ (\text{秒})} = 10$ (cm/秒) ずつ増えている。

2 (1) 図で，0秒から20秒までは時間と電車の速さは比例している。20秒後の電車の速さは10m/秒なので，5秒後の速さは，

$$10\ (\text{m/秒}) \times \dfrac{5\ (\text{秒})}{20\ (\text{秒})} = 2.5\ (\text{m/秒})$$

(2) CD 間の電車の速さは15m/秒で，かかった時間は，60（秒）− 40（秒）= 20（秒）　よって，CD 間の距離は，15 (m/秒) × 20 (秒) = 300 (m)

(3) 平均の速さは，$\dfrac{\text{移動した距離}}{\text{かかった時間}}$ で求められる。DE 間の移動した距離は，次図の影をつけた部分の面積で表されるので，(15 + 30) (m/秒) × (80 − 60) (秒) × $\dfrac{1}{2}$ = 450 (m)

よって，DE 間の平均の速さは，$\dfrac{450\ (\text{m})}{20\ (\text{秒})} = 22.5$ (m/秒)

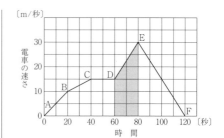

3 (1) ア．時間が，$\dfrac{0.2\ (\text{秒})}{0.1\ (\text{秒})} = 2$ (倍)になると，落下距離は，$\dfrac{19.6\ (\text{cm})}{4.9\ (\text{cm})} = 4$ (倍)になるので，落下距離は時間の2乗に比例することがわかる。時間が 0.1 秒のときと 0.5 秒のときとで計算すると，$\dfrac{0.5\ (\text{秒})}{0.1\ (\text{秒})} = 5$ (倍)なので，0.5 秒のときの落下距離は，4.9 (cm) × 5^2 = 122.5 (cm)

イ．0.2（秒）− 0.1（秒）= 0.1（秒）間で，19.6 (cm) − 4.9 (cm) = 14.7 (cm) 落下しているので，$\dfrac{14.7\ (\text{cm})}{0.1\ (\text{秒})} = 147$ (cm/秒)

ウ．イと同様に，0.1 秒間で，44.1 (cm) − 19.6 (cm) = 24.5 (cm) 落下しているので，$\dfrac{24.5\ (\text{cm})}{0.1\ (\text{秒})} = 245$ (cm/秒)

エ．アより，0.1 秒間で，122.5 (cm) − 78.4 (cm) = 44.1 (cm) 落下しているので，$\dfrac{44.1\ (\text{cm})}{0.1\ (\text{秒})} = 441$ (cm/秒)

オ．イ・ウより，
245 (cm/秒) − 147 (cm/秒) = 98 (cm/秒)

カ．エが441cm/秒なので，441 (cm/秒) − 343 (cm/秒) = 98 (cm/秒)

(2) 表より，0.1秒間の速さの変化が98cm/秒なので，$\dfrac{98\ (\text{cm/秒})}{0.1\ (\text{秒})} = 980$ (cm/(秒)²)

(4) 3 秒後の 0.1 秒毎の速さは，
$980 \, (\mathrm{cm}/(\text{秒})^2) \times 3 \, (\text{秒}) = 2940 \, (\mathrm{cm}/\text{秒})$
より，29.4m/秒。自由落下した距離は，底辺が時間，高さが 0.1 秒毎の速さの三角形の面積に等しいので，$\frac{1}{2} \times 29.4 \, (\mathrm{m}/\text{秒}) \times 3 \, (\text{秒}) \fallingdotseq 44 \, (\mathrm{m})$

8．仕事・エネルギー

1 (1) 12000 (J)　(2) 3.75 (A)

2 (1) 3 (cm)　(2) 9.6 (J)　(3) 1.92 (W)

3 (1) 25 (J)　(2) 30 (J)

(3) ① 5 (N)　② 0.5 (W)

4 (1) 12 (cm)　(2) 12 (cm)　(3) 54 (cm)

5 (1) (C 点) 3.6 (J)　(D 点) 3.2 (J)

(2) 0.5 (m)

6 (1) イ　(2) イ，カ

◇ 解説 ◇

1 (1) この人にはたらく重力の大きさは，10 $(\mathrm{N}) \times \frac{40 \, (\mathrm{kg})}{1 \, (\mathrm{kg})} = 400 \, (\mathrm{N})$　1 階から 11 階までの距離は，$3 \, (\mathrm{m}) \times (11 - 1)(\text{階}) = 30$ (m)なので，この人を引き上げるために必要な仕事量は，$400 \, (\mathrm{N}) \times 30 \, (\mathrm{m}) = 12000$ (J)

(2) モーターに流れた電流を x A とすると，モーターの電力は，$200 \, (\mathrm{V}) \times x \, (\mathrm{A}) = 200x$ (W)　エレベーターを引き上げる間に消費された電力量は，$200x \, (\mathrm{W}) \times 20 \, (\mathrm{s}) = 4000x \, (\mathrm{J})$　80 ％が(1)の仕事に使われたので，$4000x \, (\mathrm{J}) \times \frac{80}{100} = 12000 \, (\mathrm{J})$　よって，$x = 3.75 \, (\mathrm{A})$

2 (1) 動滑車と物体の質量を合わせると，1 kg = 1000g より，0.2 (kg) + 1 (kg) = 1.2 (kg)　動滑車では，2 本の糸で引き上げているので，糸を引く力は，$\frac{1.2 \, (\mathrm{kg})}{2 \, (\text{本})} = 0.6$ (kg)　ばねを引く力はばねに 0.6kg のおもりをつるした場合と同じなので，図 2 より，ばねののびは 3 cm。

(2)(1)より，動滑車と物体の質量は，1.2kg = 1200g なので，動滑車と物体にはたらく重力は，$1 \, (\mathrm{N}) \times \frac{1200 \, (\mathrm{g})}{100 \, (\mathrm{g})} = 12 \, (\mathrm{N})$　80cm = 0.8m より，モーターがした仕事は，$12 \, (\mathrm{N}) \times 0.8 \, (\mathrm{m}) = 9.6 \, (\mathrm{J})$

(3) $\frac{9.6 \, (\mathrm{J})}{5 \, (\mathrm{s})} = 1.92 \, (\mathrm{W})$

3 (1) $5 \, (\mathrm{N}) \times 5 \, (\mathrm{m}) = 25 \, (\mathrm{J})$

(2) 物体 B にはたらく重力の大きさは 10N。図 2 より，物体 B は垂直方向に 3 m 引き上げられたことになるので，力がした仕事は，$10 \, (\mathrm{N}) \times 3 \, (\mathrm{m}) = 30 \, (\mathrm{J})$

(3) ① 動滑車を使うと，物体にはたらく重力の大きさの半分の力で引き上げることができる。よって，ひもを引く力の大きさは，$10 \, (\mathrm{N}) \times \frac{1}{2} = 5 \, (\mathrm{N})$　② 物体 B を 2 m 持ち上げたときの仕事は，$10 \, (\mathrm{N}) \times 2 \, (\mathrm{m}) = 20 \, (\mathrm{J})$　20J の仕事を 40 秒間行ったときの仕事率は，$\frac{20 \, (\mathrm{J})}{40 \, (\mathrm{s})} = 0.5 \, (\mathrm{W})$

4 (1) グラフより，90g のおもりを 20cm の高さから転がしたとき，木片の動いたきょりは 3 cm なので，90g のおもりを 80cm の高さから転がしたとき，木片の動いたきょりは，$3 \, (\mathrm{cm}) \times \frac{80 \, (\mathrm{cm})}{20 \, (\mathrm{cm})} = 12 \, (\mathrm{cm})$

(2) 30g のおもりを 40cm の高さから転がしたとき，木片の動いたきょりは 2 cm なので，180g のおもりを 40cm の高さから転がしたとき，木片の動いたきょりは，2 (cm)

$$\times \frac{180 \, (\text{g})}{30 \, (\text{g})} = 12 \, (\text{cm})$$

(3) 30g のおもりを 20cm の高さから転がしたとき，木片の動いたきょりは 1cm なので，270g のおもりを 120cm の高さから転がしたとき，木片の動いたきょりは，1 (cm)

$$\times \frac{270 \, (\text{g})}{30 \, (\text{g})} \times \frac{120 \, (\text{cm})}{20 \, (\text{cm})} = 54 \, (\text{cm})$$

5 (1) A 点にある球の位置エネルギーの大きさは，2 (N) × 2 (m) = 4 (J)　球が C 点を通過するときの位置エネルギーの大きさは，2 (N) × 0.2 (m) = 0.4 (J)　球が C 点を通過するときの運動エネルギーの大きさは，4 (J) − 0.4 (J) = 3.6 (J)　また，球が D 点を通過するときの位置エネルギーの大きさは，2 (N) × 0.4 (m) = 0.8 (J)　球が D 点を通過するときの運動エネルギーの大きさは，4 (J) − 0.8 (J) = 3.2 (J)

(2) 球が D 点を通過するときの位置エネルギーの大きさは，(1)より，0.8J。球が D 点を通過するときの運動エネルギーの大きさが 0.2J のとき，球が D 点を通過するときの力学的エネルギーの大きさは，0.8 (J) + 0.2 (J) = 1 (J)　A 点にある球の位置エネルギーの大きさが 1J になればよいので，A 点の高さは，$\frac{1 \, (\text{J})}{2 \, (\text{N})} = 0.5 \, (\text{m})$

6 (1) 表 1 より，発射台をとび出す速さ v の値が，$\frac{1.2 \, (\text{m/s})}{1.0 \, (\text{m/s})} = 1.2$ (倍)，$\frac{1.5 \, (\text{m/s})}{1.0 \, (\text{m/s})} = 1.5$ (倍)，$\frac{1.8 \, (\text{m/s})}{1.0 \, (\text{m/s})} = 1.8$ (倍)，

$\frac{2.0 \, (\text{m/s})}{1.0 \, (\text{m/s})} = 2$ (倍)になると，飛距離 d の値は，$\frac{24 \, (\text{cm})}{20 \, (\text{cm})} = 1.2$ (倍)，$\frac{30 \, (\text{cm})}{20 \, (\text{cm})} = 1.5$

(倍)，$\frac{36 \, (\text{cm})}{20 \, (\text{cm})} = 1.8$ (倍)，$\frac{40 \, (\text{cm})}{20 \, (\text{cm})} = 2$ (倍)になる。よって，d は v に比例するので，$d = av$

(2) 小球が高さ h の位置にあるときの運動エネルギーが 0，小球が発射台をとび出すときの位置エネルギーが 0 なので，高さが h のときの小球の位置エネルギーと小球が発射台をとび出すときの運動エネルギーは等しくなる。小球の位置エネルギーは高さ h に比例するので，発射台をとび出すときの運動エネルギー K は高さ h に比例する。また，表 2 より，h の値が，$\frac{0.40 \, (\text{m})}{0.10 \, (\text{m})} = 4$

(倍)，$\frac{0.90 \, (\text{m})}{0.10 \, (\text{m})} = 9$ (倍)のとき，d の値は，$\frac{30.0 \, (\text{cm})}{15.0 \, (\text{cm})} = 2$ (倍)，$\frac{45.0 \, (\text{cm})}{15.0 \, (\text{cm})} = 3$

(倍)なので，h は d の 2 乗に比例する。運動エネルギー K はすべり始める高さ h に比例し，(1)より，飛距離 d は発射台をとび出す速さ v に比例するので，K は v の 2 乗に比例する。

9．溶解度・濃度

1 (1) ウ　(2) イ　(3) ウ

2 (1) 25 (%)　(2) 45.9 (g)

(3) ① イ　② 17 (g)

3 (1) 75 (g)　(2) 25 (g)　(3) 29 (%)

(4) 硝酸カリウム

◇ **解説** ◇

1 (1) 32 ℃の水 100g で硝酸カリウムの飽和水溶液を作ると，溶質は 50g なので，質量パーセント濃度は，$\frac{50 \, (\text{g})}{100 + 50 \, (\text{g})} \times 100$

≒ 33.3 (%)より，約 30 %。

(2) 32℃の水 100g に硝酸カリウムをとかして飽和水溶液を作ると、溶液の質量は、100（g）＋ 50（g）＝ 150（g）なので、32℃の硝酸カリウムの飽和水溶液 450g に含まれる水の質量は、$100（g）× \dfrac{450（g）}{150（g）} = 300$（g）で、硝酸カリウムの質量は、450（g）－ 300（g）＝ 150（g）　14℃の水 300g にとける硝酸カリウムの質量は、$25（g）× \dfrac{300（g）}{100（g）} = 75（g）$　とけきれずに結晶として出てくる硝酸カリウムの質量は、150（g）－ 75（g）＝ 75（g）より、約80g。

(3) 32℃の硝酸カリウム飽和水溶液 350g に含まれる水は、$100（g）× \dfrac{350（g）}{150（g）} ≒ 233$（g）で、含まれる硝酸カリウムは、350（g）－ 233（g）＝ 117（g）　水を150g 蒸発させると、残った水は、233（g）－ 150（g）＝ 83（g）　14℃の水 83g にとける硝酸カリウムの質量は、$25（g）× \dfrac{83（g）}{100（g）} ≒ 21（g）$　結晶として出てくる硝酸カリウムの質量は、117（g）－ 21（g）＝ 96（g）より、約100g。

2 (1) 溶質の質量は50g、水溶液の質量は、150（g）＋ 50（g）＝ 200（g）なので、$\dfrac{50（g）}{200（g）} × 100 = 25（\%）$

(2) 表より、40℃の水 100g に溶ける硝酸カリウムの質量は63.9gなので、40℃の水 150g に溶ける硝酸カリウムの質量は、$63.9（g）× \dfrac{150（g）}{100（g）} = 95.85（g）$　よって、95.85（g）－ 50（g）≒ 45.9（g）

(3)① 塩化ナトリウムの水 100g に溶ける質量は水温によってあまり変化しないので、温度を下げていったときに出てくる結晶は硝酸カリウムと考えられる。10℃、20℃、25℃、30℃の水 150g に溶ける硝酸カリウムの質量を求めると、$22.0（g）× \dfrac{150（g）}{100（g）}$ ＝ 33.0（g）、$31.6（g）× \dfrac{150（g）}{100（g）} = 47.4$（g）、$37.9（g）× \dfrac{150（g）}{100（g）} = 56.85（g）、$$45.6（g）× \dfrac{150（g）}{100（g）} = 68.4（g）なので、20℃〜25℃の間で硝酸カリウムの結晶が出てくる。② ①より、10℃の水 150g に溶ける硝酸カリウムの質量は33.0gなので、得られる結晶の質量は、50.0（g）－ 33.0（g）＝ 17.0（g）

3 (1) グラフより、45℃で 100g の水に溶ける硫酸銅は 60g なので、100（g）＋ 60（g）＝ 160（g）の飽和水溶液ができる。よって、飽和水溶液 200g を作るのに必要な硫酸銅は、$60（g）× \dfrac{200（g）}{160（g）} = 75（g）$

(2) (1)の飽和水溶液に含まれる水は、200（g）－ 75（g）＝ 125（g）　グラフより、25℃で 100g の水に溶ける硫酸銅は 40g なので、125g の水には、$40（g）× \dfrac{125（g）}{100（g）} =$ 50（g）の硫酸銅が溶ける。よって、溶け切れずに出てくる硫酸銅は、75（g）－ 50（g）＝ 25（g）

(3) (2)より、125g の水に硫酸銅 50g が溶けているので、飽和水溶液は、125（g）＋ 50（g）＝ 175（g）　質量パーセント濃度は、$\dfrac{50（g）}{175（g）} × 100 ≒ 29（\%）$

(4) 50℃と20℃の溶解度を読み取り，その差がもっとも大きい物質を選ぶ。硝酸カリウムは，86（g）－32（g）＝54（g）　硫酸銅は，66（g）－36（g）＝30（g）　ミョウバンは，36（g）－11（g）＝25（g）　ホウ酸は，12（g）－5（g）＝7（g）　食塩は温度による溶解度の差が小さいので，生じる結晶は少ない。

10. 化学変化

1 (1) 1.2（g）　(2) 4.2（g）　(3) 1.43（g/L）

2 (1) 5.5（g）　(2)（マグネシウム：酸素＝）3：2　(3) 16.4（g）

3 (1) 1.5　(2) 0.55（g）　(3) 16.4（g）

4 (1) 0.7（g）　(2) 17.5（g）　(3) ア　(4) ウ

5 (1) ① 0.63（g）　② 2.41（g）

(2) 3.5（g）　(3) ① キ　② ウ　③ カ

6 (1) オ　(2) イ　(3) エ　(4) エ

(5) 108（g）　(6) ウ

7 (1) 70（cm³）　(2) 0.21（g）

(3)（水酸化バリウム水溶液）280（cm³）

（沈殿）1.96（g）

◇ 解説 ◇

1 (1) 17.4g の酸化銀を加熱すると 16.2g の銀が残ったので，17.4g の酸化銀と結びついていた酸素の質量は，17.4（g）－16.2（g）＝1.2（g）

(2) 酸化銀 Ag_2O に含まれる銀原子の数は 2 個，酸化カルシウム CaO に含まれるカルシウム原子の数は 1 個なので，酸化銀の粒子と同数の酸化カルシウムには，酸化銀に含まれる銀原子の半分の数のカルシウム原子が含まれている。また，酸化銀 Ag_2O に含まれる酸素原子の数は，酸化カルシウム CaO に含まれる酸素原子の数と等しく，

どちらも 1 個。酸化銀 17.4g に含まれる銀の質量は 16.2g，酸素の質量は 1.2g。16.2g の銀に含まれる銀原子の半分の数のカルシウム原子の質量は，$16.2（g）\times \dfrac{1}{2} \times \dfrac{10}{27} =$ 3.0（g）　よって，17.4g の酸化銀の粒子と同数の酸化カルシウムの質量は，3.0（g）＋1.2（g）＝4.2（g）

(3) この実験で発生した酸素の質量は 1.2g なので，酸素 840mL ＝ 0.84L の質量は 1.2g。よって，酸素の密度は，$\dfrac{1.2（g）}{0.84（L）} ≒ 1.43$（g/L）

2 (1) 0.40g の銅が酸化されると 0.50g の酸化銅になるので，$0.50（g）\times \dfrac{4.4（g）}{0.40（g）} =$ 5.5（g）

(2) 表より，0.60g のマグネシウムが酸化されると 1.00g の酸化マグネシウムになるので，0.60g のマグネシウムと化合する酸素の質量は，1.00（g）－0.60（g）＝0.40（g）　よって，マグネシウムの質量とマグネシウムと化合する酸素の質量の比は，0.60（g）：0.40（g）＝3：2

(3) 0.60g のマグネシウムが酸化されると 1.00g の酸化マグネシウムになるので，4.8g のマグネシウムが酸化されたときにできる酸化マグネシウムの質量は，$1.00（g）\times \dfrac{4.8（g）}{0.60（g）} = 8.0$（g）　酸化マグネシウムと酸化銅の混合物が 28.5g なので，混合物に含まれる酸化銅の質量は，28.5（g）－8.0（g）＝20.5（g）　よって，(1)より，20.5g の酸化銅になるときの銅の質量は，$0.40（g）\times \dfrac{20.5（g）}{0.50（g）} = 16.4$（g）

3 (1) 表 1 より，加熱後の物質の質量は加熱

前の銅粉の質量に比例するので，$\dfrac{1.200\,(\text{g})}{X\,(\text{g})}$

$= \dfrac{0.800\,(\text{g})}{1.000\,(\text{g})}$　よって，$X = 1.5$

(2) 酸化銅と炭素の混合物を加熱すると，銅と二酸化炭素が生じる。二酸化炭素は気体なので，ガラス管から出ていき，加熱後の物質の質量は加熱前の物質の質量に比べて小さくなる。表 2 より，炭素が 0.075g のとき，発生した二酸化炭素は，2.000（g）+ 0.075（g）- 1.800（g）= 0.275（g）　炭素が 0.150g のとき，2.000（g）+ 0.150（g）- 1.600（g）= 0.55（g）　炭素が 0.225g のとき，2.000（g）+ 0.225（g）- 1.675（g）= 0.55（g）　炭素の量を増やしても二酸化炭素の量が 0.55g より増えなかったので，酸化銅 2.000g と炭素が過不足なく反応したときに発生した気体は 0.55g。

(3) (2)より，酸化銅 2.000g と過不足なく反応する炭素は，$0.075\,(\text{g}) \times \dfrac{0.55\,(\text{g})}{0.275\,(\text{g})} =$
0.150（g）　表 2 より炭素が 0.150g のときの加熱後の物質の全質量 1.600g が銅の質量とわかる。したがって，酸化銅と炭素が過不足なく反応したときの質量比は，酸化銅：炭素：銅：二酸化炭素 = 2.000（g）: 0.150（g）: 1.600（g）: 0.55（g）　混ぜ合わせる酸化銅の量は，$\dfrac{20.000\,(\text{g})}{2.000\,(\text{g})} = 10$（倍）　炭素の量は，$\dfrac{1.350\,(\text{g})}{0.150\,(\text{g})} = 9$（倍）　過不足なく反応するときの質量比は変わらないので，酸化銅が余る。炭素 1.350g と過不足なく反応する酸化銅は，2.000（g）× 9（倍）= 18（g）　余る酸化銅は，20.000（g）- 18（g）= 2.0（g）　生じる銅は，1.600（g）×

9（倍）= 14.4（g）　よって，試験管の中には，2.0（g）+ 14.4（g）= 16.4（g）の固体が残る。

4 (1) 表より，亜鉛の質量が 0.2g のとき，発生した気体の体積は 75cm³。加えた亜鉛が，$\dfrac{0.4\,(\text{g})}{0.2\,(\text{g})} = 2$（倍），$\dfrac{0.6\,(\text{g})}{0.2\,(\text{g})} = 3$（倍）になるとき，発生した気体は，$\dfrac{150\,(\text{cm}^3)}{75\,(\text{cm}^3)} =$
2（倍），$\dfrac{225\,(\text{cm}^3)}{75\,(\text{cm}^3)} = 3$（倍）　したがって，反応した亜鉛の質量と発生した気体の体積は比例するので，20g のうすい硫酸 A と過不足なく反応する亜鉛は，$0.2\,(\text{g}) \times$
$\dfrac{300\,(\text{cm}^3)}{75\,(\text{cm}^3)} = 0.8$（g）　よって，反応後に残っていた亜鉛は，1.5（g）- 0.8（g）=
0.7（g）

(2) 残っていた 0.7g の亜鉛と過不足なく反応するうすい硫酸 A は，$20\,(\text{g}) \times \dfrac{0.7\,(\text{g})}{0.8\,(\text{g})} =$
17.5（g）

(3) うすい硫酸 A 20g と過不足なく反応する亜鉛は 0.8g。反応する亜鉛の量はうすい硫酸 A の濃度に比例するので，濃度が 2 倍のうすい硫酸 A 20g と過不足なく反応する亜鉛は，0.8（g）× 2 = 1.6（g）　ア. 亜鉛 0.2g はすべて反応して，発生した気体は，表より，75cm³。イ・ウ. 亜鉛 1.2g はすべて反応するので，発生した気体は，75 （cm³）× $\dfrac{1.2\,(\text{g})}{0.2\,(\text{g})} = 450$（cm³）　エ. 亜鉛がすべて反応するので，発生した気体は，75 （cm³）× $\dfrac{1.6\,(\text{g})}{0.2\,(\text{g})} = 600$（cm³）

(4) 硫酸に亜鉛を入れたときの化学反応式

は，$Zn + H_2SO_4 \rightarrow ZnSO_4$ なので，亜鉛原子1個が反応して水素分子1個ができる。水素分子1個は水素原子2個が結びついたものなので，亜鉛原子1個と水素原子2個の質量の比は反応した亜鉛と発生した水素の質量の比に等しい。(1)より，0.8gの亜鉛が過不足なく反応して300cm³の気体が発生するので，亜鉛と水素の質量の比は，$0.8（g）:0.025（g）= 32:1$　よって，水素原子1個：亜鉛原子1個の質量の比は，$\dfrac{1}{2}（個）:32 = 1:64$

5 (1) ① 発生した二酸化炭素の体積は，図より，350mL = 0.35L。密度1.8g/Lの二酸化炭素の質量は，$1.8（g/L）\times 0.35（L）= 0.63（g）$　② 試験管Aを含む反応後の全質量は，$27.92（g）+ 0.63（g）= 28.55（g）$質量保存の法則より，はじめに試験管Aに入れた炭酸水素ナトリウムの質量は，$28.55（g）- 26.14（g）= 2.41（g）$

(2) 表より，うすい塩酸70gがすべて反応すると，二酸化炭素1.82gが発生する。また，炭酸水素ナトリウム1.0gから二酸化炭素0.52gが発生する。よって，二酸化炭素1.82gを発生させるのに必要な炭酸水素ナトリウムの質量は，$1.0（g）\times \dfrac{1.82（g）}{0.52（g）} = 3.5（g）$

(3) ① 濃さを2倍にすると，もとのうすい塩酸の2倍の質量に相当するので，炭酸水素ナトリウム4.0gはすべて反応する。$0.52（g）\times \dfrac{4.0（g）}{1.0（g）} = 2.08（g）$　② $1.82（g）\times \dfrac{40（g）}{70（g）} = 1.04（g）$　③ 水を加えてつくったうすい塩酸100gは，もとのうすい塩酸70gと変わらないので，結果は表と同じになる。

6 (1) 表より，酸素16gとメタンが反応して発生する水の最大量が9g。反応に関わる物質の質量は比例するので，16gの酸素と過不足なく反応して発生する水の質量が9gになるときのメタンの質量は，$1（g）\times \dfrac{9（g）}{2.25（g）} = 4（g）$

(2) 余るメタンの質量は，$6（g）- 4（g）= 2（g）$

(3) 酸素16gとメタンが反応して水9gが発生するので，4.5gの水が発生するときの酸素の質量は，$16（g）\times \dfrac{4.5（g）}{9（g）} = 8（g）$

(4) 質量保存の法則より，4gのメタンと16gの酸素が反応してできる二酸化炭素の質量は，$4（g）+ 16（g）- 9（g）= 11（g）$　よって，8gの酸素がメタンと反応して生じる二酸化炭素の質量は，$11（g）\times \dfrac{8（g）}{16（g）} = 5.5（g）$

(5) 質量保存の法則より，$116（g）- 8（g）= 108（g）$

(6) 酸化銀の分解を表す化学反応式は，$2Ag_2O \rightarrow 4Ag + O_2$ なので，生じる酸素と銀の質量比は，$O_2:4Ag = 8（g）:108（g）$原子1個の質量比は，$O:Ag = \dfrac{8（g）}{2}:\dfrac{108（g）}{4}$ より，$4:27$

7 (1) 表より，水酸化バリウム水溶液を20cm³加えると，沈殿は0.14g生じる。沈殿の質量の最大は0.49gなので，必要な水酸化バリウム水溶液の体積は，$20（cm^3）\times \dfrac{0.49（g）}{0.14（g）} = 70（cm^3）$

(2) 表より，ビーカーBとEの水溶液を混ぜ

合わせたとき，硫酸の体積は，20（cm³）×
2 = 40（cm³），水酸化バリウム水溶液の体
積は，40（cm³）+ 100（cm³）= 140（cm³）
(1)より，硫酸 40cm³ を過不足なく中和する
水酸化バリウム水溶液の体積は，70（cm³）
× 2 = 140（cm³）なので，硫酸は過不足な
く中和する。硫酸の体積が 20cm³ のとき，
生じる沈殿の質量の最大は 0.49g なので，
硫酸の体積が 40cm³ のときに生じる沈殿
の質量の最大は，$0.49（g）× \dfrac{40（cm³）}{20（cm³）} =$
0.98（g）すでに生じている沈殿の質量は，
ビーカー B が 0.28g，ビーカー E が 0.49g
なので，新たに生じる沈殿の質量は，0.98
（g）- 0.28（g）- 0.49（g）= 0.21（g）
(3) (1)より，はじめの実験で用いた硫酸
20cm³ と過不足なく中和する水酸化バリウ
ム水溶液の体積は 70cm³，生じる沈殿の質
量の最大は 0.49g。よって，必要な水酸化バ
リウム水溶液の体積は，70（cm³）× 2（倍）
$× \dfrac{40（cm³）}{20（cm³）} = 280（cm³）$ 生じる沈殿の
質量は，$0.49（g）× 2（倍）× \dfrac{40（cm³）}{20（cm³）} =$
1.96（g）

11. 植物・動物

1 (1) 0.6（mL） (2) 0.4（mL）
2 (1) 400（cm³） (2) 559（mg）
3 (1) 205.8（mL） (2) 79.8（mL）
(3) 90（%）
4 (1) 20（m/秒） (2) 0.003（秒）
◇ 解説 ◇
1 (1) 実験 E より，メスシリンダーからの
水の蒸発量は，2 時間で 0.2mL なので，実

験 A において，ホウセンカ 1 本からの 2 時
間での蒸散量は，1.4（mL）- 0.2（mL）=
1.2（mL）よって，1 時間あたりの蒸散量
は，$\dfrac{1.2（mL）}{2（時間）} = 0.6（mL）$
(2) 実験 B は葉の裏側・茎からの蒸散量と
水の蒸発量，実験 D は茎からの蒸散量と水
の蒸発量なので，ホウセンカ 1 本の葉の裏
側からの 2 時間での蒸散量は，1.1（mL）-
0.3（mL）= 0.8（mL）よって，1 時間あた
りの葉の裏側からの蒸散量は，$\dfrac{0.8（mL）}{2（時間）} =$
0.4（mL）
2 (1) 光の強さが 0 ルクスのとき，植物は
光合成を行わず，呼吸のみを行う。表より，
このときの二酸化炭素の吸収量が - 6 cm³
なので，二酸化炭素の放出量は 6 cm³。光
の強さが 10000 ルクスのとき，見かけ上
の二酸化炭素の吸収量は 394cm³，呼吸に
よって放出する二酸化炭素は 6 cm³ なの
で，光合成速度（1 時間あたりの二酸化炭
素吸収量）は，394（cm³）+ 6（cm³）= 400
（cm³）
(2) 1000 ルクスの光で 14 時間栽培したとき
の二酸化炭素の吸収量は，34（cm³）× 14
（時間）= 476（cm³）0 ルクスの光で 10 時
間栽培したときの二酸化炭素の放出量は，6
（cm³）× 10（時間）= 60（cm³）1 日あた
りの二酸化炭素の吸収量は，476（cm³）- 60
（cm³）= 416（cm³）よって，1 日あたり
にできる有機物は，$180（mg）× \dfrac{416（cm³）}{134（cm³）}$
≒ 559（mg）
3 (1) 血液 1 L 中にはヘモグロビンが 150g
含まれ，1g のヘモグロビンは最大 1.4mL
の酸素と結合するので，血液 1 L 中のヘモ
グロビンは最大で，1.4（mL）× 150（g）=

210（mL）の酸素と結合する。ある組織に向かう動脈中の酸素飽和度は98％なので，1Lの動脈血に含まれる酸素の量は，210（mL）$\times \dfrac{98}{100} = 205.8$（mL）

(2) ある組織から心臓へ向かう静脈中の酸素飽和度は60％なので，1Lの静脈血に含まれる酸素の量は，210（mL）$\times \dfrac{60}{100} = 126$（mL）　よって，1Lの血液がこの組織へ供給する酸素の量は，(1)より，205.8（mL）-126（mL）$= 79.8$（mL）

(3) 1分間に流出する750mLの静脈血中に含まれる酸素の量は，酸素飽和度が60％，1L＝1000mLなので，(2)より，126（mL）$\times \dfrac{750 \text{（mL）}}{1000 \text{（mL）}} = 94.5$（mL）　最低でも1分間に48mLの酸素の供給が必要なので，流入する750mLの動脈血中には少なくとも，48（mL）$+ 94.5$（mL）$= 142.5$（mL）の酸素を含んでいる必要がある。酸素飽和度が100％のとき，750mLの動脈血中に含まれる酸素の量は，210（mL）$\times \dfrac{750 \text{（mL）}}{1000 \text{（mL）}} = 157.5$（mL）　よって，必要な酸素飽和度は，$\dfrac{142.5 \text{（mL）}}{157.5 \text{（mL）}} \times 100 \fallingdotseq 90$（％）

4 (1) 10mm ＝ 0.01m，40mm ＝ 0.04mより，AB間の長さは，0.04（m）$- 0.01$（m）$= 0.03$（m）　表より，点Bから点Aへ信号が伝わる時間は，0.0050（秒）$- 0.0035$（秒）$= 0.0015$（秒）　よって，信号が神経を伝わる速さは，$\dfrac{0.03 \text{（m）}}{0.0015 \text{（秒）}} = 20$（m/秒）

(2) 点Aは筋肉から，10mm ＝ 0.01m 離れているので，(1)より，点Aから筋肉へ信号が伝わる時間は，$\dfrac{0.01 \text{（m）}}{20 \text{（m/秒）}} = 0.0005$（秒）　点Aに刺激を与えてから0.0035秒後に筋肉が収縮を始めたので，信号が筋肉まで伝わってから，筋肉が収縮し始めるまでの時間は，0.0035（秒）$- 0.0005$（秒）$= 0.003$（秒）

12. 地震・地層

1 (1)（ゆれX）6（km/秒）
（ゆれY）3（km/秒）
(2) 7（時）32（分）10（秒）
(3) 7（時）32（分）19（秒）　(4) 6（秒）
2 (1) ウ　(2) ㋐ 7（km/s）　㋑ 4（km/s）
(3) ウ
3（23時）18（分）14（秒）
4 (1) 泥岩　(2) ア
5 東　(2) 70（m）
6 (1) 5（m）　(2) 42.5（m）

◇ 解説 ◇

1(1) 表より，A地点からB地点までの距離は，90（km）$- 30$（km）$= 60$（km）　A地点からB地点にゆれXの波が伝わるのに，7時32分25秒 － 7時32分15秒 ＝ 10（秒）かかる。したがって，ゆれXの速さは，$\dfrac{60 \text{（km）}}{10 \text{（秒）}} = 6$（km/秒）　A地点からB地点にゆれYの波が伝わるのに，7時32分40秒 － 7時32分20秒 ＝ 20（秒）かかる。よって，ゆれYの速さは，$\dfrac{60 \text{（km）}}{20 \text{（秒）}} = 3$（km/秒）

(2) A地点は震源から30km離れているので，震源からA地点にゆれXの波が伝わるのに，$\dfrac{30 \text{（km）}}{6 \text{（km/秒）}} = 5$（秒）かかる。地

震が発生した時刻は A 地点にゆれ X が到達する 5 秒前なので，7 時 32 分 15 秒 − 5（秒）= 7 時 32 分 10 秒

(3) A 地点にゆれ X が到達してから 4 秒後に緊急地震速報が発表されたので，緊急地震速報を受け取る時刻は，7 時 32 分 15 秒 + 4（秒）= 7 時 32 分 19 秒

(4) B 地点でゆれ X が始まった時刻は 7 時 32 分 25 秒なので，緊急地震速報を受け取ってからゆれ X が到達するまでにかかる時間は，(3)より，7 時 32 分 25 秒 − 7 時 32 分 19 秒 = 6（秒）

2 (1) 図 1 の⑦の揺れの時間（初期微動継続時間）は 14 秒。表のア〜エの初期微動継続時間は，アからエの順に，5 時 47 分 20 秒 − 5 時 47 分 08 秒 = 12 秒，5 時 47 分 06 秒 − 5 時 47 分 00 秒 = 6 秒，5 時 47 分 25 秒 − 5 時 47 分 11 秒 = 14 秒，5 時 47 分 28 秒 − 5 時 47 分 13 秒 = 15 秒　よって，初期微動継続時間が一致する**ウ**と考えられる。

(2) 観測地点 A と D の観測結果で考えると，A と D の震源からの距離の差は，102（km）− 48（km）= 54（km）　表より，A の記録は**イ**，D の記録は**ア**なので，⑦のゆれが始まった時刻の差は，5 時 47 分 08 秒 − 5 時 47 分 00 秒 = 8（秒）　よって，⑦のゆれは 54km を 8 秒で進むので，⑦のゆれを伝える波の速さは，$\dfrac{54\,(km)}{8\,(秒)}$ ≒ 7（km/s）　同様に，⑦のゆれが始まった時刻の差は，5 時 47 分 20 秒 − 5 時 47 分 06 秒 = 14（秒）なので，⑦のゆれを伝える波の速さは，$\dfrac{54\,(km)}{14\,(秒)}$ ≒ 4（km/s）

(3)(2)より，観測地点 D に⑦のゆれが伝わるまでにかかる時間は，$\dfrac{102\,(km)}{7\,(km/s)}$ ≒ 15（秒）よって，観測地点 D で⑦のゆれが始まった時刻が 5 時 47 分 08 秒なので，地震が発生した時刻は，5 時 47 分 08 秒 − 15 秒 = 5 時 46 分 53 秒

3 初期微動継続時間は，震源からの距離に比例する。観測点 A の初期微動継続時間は，23 時 17 分 46 秒 − 23 時 17 分 42 秒 = 4（秒）これより，初期微動継続時間が 18 秒の地点の震源距離は，32（km）× $\dfrac{18\,(秒)}{4\,(秒)}$ = 144（km）　また，23 時 18 分 02 秒 − 23 時 17 分 46 秒 = 16（秒），96（km）− 32（km）= 64（km）より，S 波の速さは，$\dfrac{64\,(km)}{16\,(秒)}$ = 4（km/秒）　$\dfrac{32\,(km)}{4\,(km/秒)}$ = 8（秒）より，この地震が発生した時刻は，23 時 17 分 46 秒の 8 秒前の 23 時 17 分 38 秒。$\dfrac{144\,(km)}{4\,(km/秒)}$ = 36（秒）より，初期微動継続時間が 18 秒の地点の主要動開始時刻は，地震が発生した 23 時 17 分 38 秒の 36 秒後の 23 時 18 分 14 秒。

4 (1) 地点 A〜C の凝灰岩の層の下面の標高を求めると，地点 A は，80（m）− 5（m）= 75（m）　地点 B は，85（m）− 10（m）= 75（m）　地点 C は，90（m）− 15（m）= 75（m）　これより，この周辺の地層は水平になっており，標高 75m の位置には凝灰岩の層の下面がある。地点 E の標高は 75m なので，そこから深さ 3 m の地点には，凝灰岩の層の下にある泥岩の層がある。

(2) 凝灰岩の層の下面があるのは標高 75m。地点 D の標高は 95m なので，地点 D の地表から凝灰岩の層の下面がある位置までの

深さは，95〔m〕− 75〔m〕= 20〔m〕

5 (1) かぎ層の上面の標高を比べると，地層の傾きを知ることができる。A 地点の地表の標高は，図1より140mで，かぎ層の深さは，図2より60mなので，かぎ層の標高は，140〔m〕− 60〔m〕= 80〔m〕 同様に，B 地点は，120〔m〕− 60〔m〕= 60〔m〕 C 地点は，120〔m〕− 40〔m〕= 80〔m〕 D 地点は，140〔m〕− 40〔m〕= 100〔m〕 これより，かぎ層は東に低くなっている。

(2) P 地点は A 地点と C 地点の南北の位置関係にあるので，かぎ層の上面の標高は80m。P 地点の地表の高さは150mなので，掘る深さは，150〔m〕− 80〔m〕= 70〔m〕

6 (1) 図2より，B 地点では深さ10m，C 地点では深さ15m になると凝灰岩の層があらわれる。A〜D 地点の標高はどこも同じ。図1より，B 地点から南に100m 進んだところが C 地点なので，凝灰岩の層があらわれるところは南に100m 進むと，15〔m〕− 10〔m〕= 5〔m〕深くなる。図2のB 地点の地層より，凝灰岩の層の厚さは，15〔m〕− 10〔m〕= 5〔m〕なので，A 地点では地表が凝灰岩の層の最上部とわかる。図1より，A 地点から南に100m 進んだところが D 地点なので，D 地点で凝灰岩の層があらわれるのは地表から 5 m の深さ。

(2) A〜D 地点の標高はどこも200m。図2より，A 地点では深さ0 m，B 地点では深さ10mになると凝灰岩の層があらわれる。図1より，A 地点から東に100m 進んだところが B 地点なので，凝灰岩の層があらわれるところは東に100m 進むと，10〔m〕− 0〔m〕= 10〔m〕深くなるとわかる。A 地点か

ら東に200m 進んだ標高200m のところでは，凝灰岩の層が，10〔m〕× $\dfrac{200\,〔m〕}{100\,〔m〕}$ = 20〔m〕の深さにあらわれる。(1)より，凝灰岩の層があらわれるところは南に100m 進むと 5 m 深くなるので，南に50m 進むとき，5〔m〕× $\dfrac{50\,〔m〕}{100\,〔m〕}$ = 2.5〔m〕深くなる。A 地点から東に200m 進み，さらに南に50m 進んだ標高200m のところでは，凝灰岩の層が，20〔m〕+ 2.5〔m〕= 22.5〔m〕の深さにあらわれる。E 地点は標高220mなので，標高200m のところよりも，220〔m〕− 200〔m〕= 20〔m〕高い。よって，E 地点で凝灰岩の層があらわれるのは，地表から，20〔m〕+ 22.5〔m〕= 42.5〔m〕の深さ。

13. 水蒸気量・湿度

1 (1) 75〔%〕 (2) 36〔g〕

2 (1) エ

(2)（温度）28〔度〕 （湿度）42〔%〕

3 (1) 57〔%〕 (2) 32〔%〕

◇ **解説** ◇

1 (1) 表より，室温が23℃のときの飽和水蒸気量は20.6g/m³，露点である18℃での飽和水蒸気量は15.4g/m³。よって，室内の空気の湿度は，$\dfrac{15.4\,(g/m^3)}{20.6\,(g/m^3)}$ × 100 ≒ 75〔%〕

(2) 表より，室内の空気が含む水蒸気量は15.4g/m³，17℃での飽和水蒸気量は14.5g/m³ なので，部屋の室温が17℃まで下がったとき，室内の空気 1 m³ あたりで凝結した水の質量は，15.4〔g/m³〕−

14.5 $(\mathrm{g/m^3})$ = 0.9 $(\mathrm{g/m^3})$　よって，容積 $40\mathrm{m^3}$ の部屋全体で凝結した水の質量は，$0.9\,(\mathrm{g/m^3}) \times 40\,(\mathrm{m^3}) = 36\,(\mathrm{g})$

2 (1) 表より，25℃の飽和水蒸気量は $23.0\mathrm{g/m^3}$ なので，この空気 $1\mathrm{m^3}$ 中の水蒸気量は，$23.0\,(\mathrm{g/m^3}) \times \dfrac{59}{100} \fallingdotseq 13.6\,(\mathrm{g/m^3})$ よって，この空気の露点は 16℃ なので，地表から A 地点までの気温の変化は，$25\,(℃) - 16\,(℃) = 9\,(℃)$　雲が発生しないときの温度変化は 100m につき 1℃ なので，$100\,(\mathrm{m}) \times \dfrac{9\,(℃)}{1\,(℃)} = 900\,(\mathrm{m})$

(2) A 地点と B 地点の標高差は，$1500\,(\mathrm{m}) - 900\,(\mathrm{m}) = 600\,(\mathrm{m})$　A 地点と B 地点の間は雲が生じているので，2 地点間の温度変化は，$0.5\,(℃) \times \dfrac{600\,(\mathrm{m})}{100\,(\mathrm{m})} = 3\,(℃)$　よって，B 地点の気温は，$16\,(℃) - 3\,(℃) = 13\,(℃)$　表より，B 地点の飽和水蒸気量は $11.3\mathrm{g/m^3}$。B 地点と C 地点の標高差は 1500m で，雲は生じていないので，温度変化は，$1\,(℃) \times \dfrac{1500\,(\mathrm{m})}{100\,(\mathrm{m})} = 15\,(℃)$　C 地点の気温は，$13\,(℃) + 15\,(℃) = 28\,(℃)$　表より，28℃の飽和水蒸気量は $27.2\mathrm{g/m^3}$ で，C 地点の空気中の水蒸気量は，B 地点の飽和水蒸気量と変わっていないので $11.3\mathrm{g/m^3}$。よって，湿度は，$\dfrac{11.3\,(\mathrm{g/m^3})}{27.2\,(\mathrm{g/m^3})} \times 100 \fallingdotseq 42\,(\%)$

3 (1) 温度が 30℃ の A 地点の空気の飽和水蒸気量は $30.3\mathrm{g/m^3}$。B 地点で雲が発生したので，この空気の露点は 20℃。したがって，A 地点の空気 $1\mathrm{m^3}$ に含まれている水蒸気量は $17.2\mathrm{g/m^3}$ なので，湿度は，

$\dfrac{17.2\,(\mathrm{g/m^3})}{30.3\,(\mathrm{g/m^3})} \times 100 \fallingdotseq 57\,(\%)$

(2) C 地点の空気は飽和しているので，温度が 15℃ の C 地点の空気 $1\mathrm{m^3}$ に含まれている水蒸気量は $12.8\mathrm{g/m^3}$。この空気のかたまりが D 地点に達するので，D 地点の空気 $1\mathrm{m^3}$ に含まれている水蒸気量も $12.8\mathrm{g/m^3}$。温度が 35℃ の D 地点の空気の飽和水蒸気量は $39.6\mathrm{g/m^3}$ なので，湿度は，$\dfrac{12.8\,(\mathrm{g/m^3})}{39.6\,(\mathrm{g/m^3})} \times 100 \fallingdotseq 32\,(\%)$

14. 圧力・大気圧

1 (1) 2 (N)　(2) 40 (Pa)　(3) 232 (Pa)
(4) 20200 (Pa)

2 (1) A　(2) 10000 (Pa)

3 ① ウ　② ケ　③ カ

◇ 解説 ◇

1 (1) バケツの質量が 200g なので，バケツが台を垂直に押す力の大きさは，$1\,(\mathrm{N}) \times \dfrac{200\,(\mathrm{g})}{100\,(\mathrm{g})} = 2\,(\mathrm{N})$

(2) バケツの底面積が $0.05\mathrm{m^2}$ なので，台がバケツから受ける圧力は，$\dfrac{2\,(\mathrm{N})}{0.05\,(\mathrm{m^2})} = 40$ $(\mathrm{N/m^2})$ より，40Pa。

(3) 食塩水の密度が $1.2\mathrm{g/cm^3}$ なので，$800\mathrm{cm^3}$ の食塩水の質量は，$800\,(\mathrm{cm^3}) \times 1.2$ $(\mathrm{g/cm^3}) = 960\,(\mathrm{g})$　$800\mathrm{cm^3}$ の食塩水の入ったバケツの質量は，$200\,(\mathrm{g}) + 960\,(\mathrm{g}) = 1160\,(\mathrm{g})$　このバケツが台を垂直に押す力の大きさは，$1\,(\mathrm{N}) \times \dfrac{1160\,(\mathrm{g})}{100\,(\mathrm{g})} = 11.6\,(\mathrm{N})$　台がバケツから受ける圧力は，$\dfrac{11.6\,(\mathrm{N})}{0.05\,(\mathrm{m^2})} = 232\,(\mathrm{N/m^2})$ より，232Pa。

(4) 50kg ＝ 50000g より，水が 300g 入っているバケツと A さんの質量の和は，200（ g ）＋ 300（ g ）＋ 50000（ g ）＝ 50500（ g ） A さんが台を垂直に押す力の大きさは，1（N）× $\dfrac{50500（g）}{100（g）}$ ＝ 505（N） A さんの片足の面積は 0.025m² なので，台が A さんの片足から受ける圧力は，$\dfrac{505（N）}{0.025（m²）}$ ＝ 20200（N/m²）より，20200Pa。

2 (1) レンガから受ける圧力が大きいほどスポンジのへこみは大きくなる。物体の重さが一定のとき，圧力はふれ合う面積に反比例する。A 面の面積は，5（cm）× 10（cm）＝ 50（cm²） 同様に，B 面は 100cm²，C 面は 200cm²。よって，スポンジのへこみが最も大きいのは A 面がふれ合うように置いたとき。

(2) 50cm² ＝ 0.005m² より，$\dfrac{50（N）}{0.005（m²）}$ ＝ 10000（Pa）

3 ① 圧力は床面に接する面積に反比例するので，床面に接する面積が最も小さいとき，圧力が最も大きくなる。A の面積は，2（cm）× 6（cm）＝ 12（cm²） B の面積は，4（cm）× 6（cm）＝ 24（cm²） C の面積は，4（cm）× 2（cm）＝ 8（cm²） ② 8cm² ＝ 0.0008m² より，$\dfrac{48（N）}{0.0008（m²）}$ ＝ 60000（Pa） ③ 吸ばんの面積は，π × 4（cm）× 4（cm）＝ 16π（cm²） 16π cm² ＝ 0.0016πm² より，吸ばんを押しつけている力の大きさは，100000（Pa）× 0.0016π（m²）＝ 160π（N）

---

15. 天体

1 (1) 4（時）40（分）
(2) 14（時間）30（分）
2 (1) 78.7 度　(2) 35.6（度）
3 (1) E　(2) ウ
4 (1) E　(2)（午後）6（時）
5 20（か月後）
6 (1) ア　(2) ウ

◇ **解説** ◇

1 (1) 太陽は東の地平線から昇り，南の空を通って西の地平線に沈むので，Y は日の出，X は日の入りを表している。Y から 1 つ目の印までの長さは 7.0cm。太陽は透明半球上を 1 時間に 3cm 動くので，Y から 1 つ目の印まで動くのにかかる時間は，1（時間）× $\dfrac{7.0（cm）}{3（cm）}$ ＝ 2$\dfrac{1}{3}$（時間）より，2 時間 20 分。最初に印をつけた時刻は 7 時なので，7 時 － 2 時 20 分 ＝ 4 時 40 分

(2) 昼間の時間は日の出から日の入りまでなので，日の入りの時刻を求める。X から 1 つ手前の印までの長さは 6.5cm。1 つ手前の印から X まで動くのにかかる時間は，1（時間）× $\dfrac{6.5（cm）}{3（cm）}$ ＝ 2$\dfrac{1}{6}$（時間）より，2 時間 10 分。最後に印をつけた時刻は 17 時なので，日の入りの時刻は，17 時 ＋ 2 時 10 分 ＝ 19 時 10 分　(1)より，日の出の時刻は 4 時 40 分なので，昼間の時間は，19 時 10 分 － 4 時 40 分 ＝ 14 時間 30 分

2 (1) 地軸は公転面に垂直な方向に対して，90° － 66.6° ＝ 23.4° 傾いている。夏至の日の南中高度は，90° －（その地点の緯度）＋ 23.4°で求められる。よって，夏至の日の北緯 34.7°の大阪での太陽の南中高度は，90° － 34.7° ＋ 23.4° ＝ 78.7°

(2) 南半球の地点 G は北半球での冬至にあたり，冬至の日の南中高度は，90° −（その地点の緯度）− 23.4° で求められる。よって，南緯 31.0° の地点 G での太陽の南中高度は，90° − 31.0° − 23.4° = 35.6°

3 (1) 恒星の日周運動は，1 時間に 15° ずつ東から西に動いて見える。午後 9 時から午後 11 時の 2 時間で恒星が西に動く角度，15° × 2（時間）= 30°

(2) 恒星の年周運動は，1 か月で約 30° ずつ東から西に動いて見える。1 か月後の午後 9 時には，オリオン座は E の位置に見え，E の位置から 30° 動くのに 2 時間かかるので，オリオン座が F の位置に見えるのは，1 か月後の午後 11 時。

4 (1) 南の空で観察できる星座は，同じ時刻に観察すると 1 か月に 30° 西に移動するので，2 か月後の 2 月 17 日の午前 0 時には，30° × 2（か月）= 60° 西に移動した，E の位置で観察できる。

(2) B と E の位置の間の角度が，30° × 3 = 90° であり，星は 1 時間に 15° 東から西に日周運動するので，B の位置から E の位置に来るまでにかかる時間は，1（時間）× $\frac{90°}{15°}$ = 6（時間）　(1)より，2 月 17 日の午前 0 時のオリオン座が E の位置なので，24（時）− 6（時間）= 18（時）より，2 月 16 日の午後 6 時に B の位置にある。よって，その 1 日後の 2 月 17 日に B の位置にくる時刻も，ほぼ午後 6 時。

5 地球は 1 か月に，$\frac{360°}{12（か月）}$ = 30° 動く。

金星は 1 か月に，$\frac{360°}{7.5（か月）}$ = 48° 動く。

よって，金星は 1 か月に，48° − 30° = 18° ずつ地球から離れていく。図で地球の位置を動かさずに考えると，次に図のような位置関係になるのは金星が地球から 360° 離れたときなので，$\frac{360°}{18°}$ = 20（か月後）

6 (1) はじめに観測を行った日が 6 月 11 日なので，7 月 26 日は約 1.5 ヶ月後になる。星は年周運動によって，1 ヶ月で約 30° 西に移動するので，アンタレスは図 2 の観察記録と同じ時刻（午前 0 時）には，30° × 1.5（ヶ月）= 45° 西に移動している。また，星は日周運動によって，1 時間に約 15° 西に移動して見えるので，アンタレスが図 2 と同じ位置に来る時刻は，1（時間）× $\frac{45°}{15°}$ = 3（時間前）の午後 9 時。

(2) 地球と木星の公転は同じ方向なので，1 年以内に衝となることはない。1 年 = 365 日後，地球はほぼ観測日と同じ位置に戻ってくるが，木星は公転周期が地球の 12 倍の 12 年なので，1 年後には，360° × $\frac{1（年）}{12（年）}$ = 30° 移動している。この木星に地球が追いついたときに衝になる。地球は 1 ヶ月 = 30 日で約 30° 公転するので，約 30 日後に木星に追いつく。この 30 日間に木星も公転して少し動くが，地球が動く距離に比べて十分小さいので，およその日数を求めるこの問題では無視してもよい。よって，次に木星が衝となるのは，365（日後）+ 30（日後）= 395（日後）より，およそ 400 日後と考えられる。